复杂空间结构设计关键技术研究
——以上海天文馆为例

贾水钟　著

U0188285

上海科学技术出版社

图书在版编目（CIP）数据

复杂空间结构设计关键技术研究：以上海天文馆为
例 / 贾水钟著. -- 上海：上海科学技术出版社，
2023.6
　　ISBN 978-7-5478-6219-3

Ⅰ. ①复… Ⅱ. ①贾… Ⅲ. ①天文馆－空间结构－结
构设计－技术－研究－上海 Ⅳ. ①TU244.6

中国国家版本馆CIP数据核字(2023)第107403号

内容提要

复杂空间结构建筑造型越来越复杂，结构形式多样，空间结构不仅追求自重轻，还需结构与建筑的协调统一，只有合适的结构才能很好地适应和表现各类建筑效果。中国是空间结构应用大国，建成的空间结构项目众多，跨度之大也居世界前列，许多复杂空间结构突破了我国现行相关技术标准与规范的规定，如何保证复杂空间结构建筑的安全性、经济性、施工可行性和安装精度等，逐渐引起科研工作者和工程技术人员的广泛关注。

本书以上海天文馆工程案例为背景，对复杂空间结构设计关键技术进行梳理和提炼，对复杂空间结构的发展进行总结，针对复杂空间结构建模及计算方法、结构控制指标、抗震性能设计、抗风设计、结构人致振动及舒适度控制、复杂节点设计、混凝土薄壳结构设计进行详细剖析提炼，重点突出设计难点和解决方法，本书可供复杂空间结构建筑工程设计人员、工程技术人员，以及土木建筑类专业的师生参考。

复杂空间结构设计关键技术研究——以上海天文馆为例
贾水钟　著

上海世纪出版（集团）有限公司
上海科学技术出版社　出版、发行
（上海市闵行区号景路 159 弄 A 座 9F-10F）
邮政编码 201101　　www.sstp.cn
上海当纳利印刷有限公司
开本 787 × 1092　1/16　印张 11.75
字数 230 千字
2023 年 6 月第 1 版　2023 年 6 月第 1 次印刷
ISBN 978-7-5478-6219-3/TU·334
定价：120.00 元

前　言

　　当前，我国已将建设重点转向城镇化发展和城市结构调整之需建设，对建筑结构设计在功能、造型、技术经济性等方面提出了更高的要求，更提出了注重保护环境要求，迫切需要发展新型高性能建筑结构及其设计技术，以提高结构性能，降低结构材料。空间结构是以高效、高性能和美观、灵活为特征的现代结构。空间结构建造及其所采用的技术往往反映了一个国家建筑技术的水平，一些规模宏大、形式新颖、技术先进的大型空间结构也成为一个国家经济实力与建筑技术水平的重要标志。

　　空间结构也称现代建筑结构，其特征为通过结构内力自平衡手段来减少结构用材、减轻结构自重，改变结构或构件的受力状态，从而大大减少结构用材，这种特殊的结构方法在大跨度、大悬挑的建筑中被广泛使用。空间结构不仅追求结构自重轻，同时结构形式多样、美观的特点，能很好地适应和表现各类建筑。大型复杂空间结构在我国的应用越来越多，同时我国学者对于各类空间结构的试验和理论研究越来越深入和广泛并已经取得了较大进展，但目前仍存在下面 5 个不足之处值得进一步研究。

　　（1）试验研究方面：一是试验数量匮乏，无论是整体模型试验还是节点试验均没有形成系统的成果；二是部分试验模型未能与时俱进，早年试验研究的节点通常较为常规，不能反映现行复杂节点的力学特性，指导意义有限；三是节点试验仅关注承载力方面，针对结构稳定有重大影响的节点刚度研究尚不足。

　　（2）理论研究方面：一是由于缺乏足够的试验支持，相当数量的数值模拟结果难以得到验证；二是节点有限元模型的计算分析中所做的部分假定的合理性有待研究；三是在结构整体模型的分析中，对节点刚度及构件初始缺陷的考虑不足。

　　（3）设计应用方面：一是设计中的抗震验算均未考虑节点连接形式的实际耗能能力而仅将构件简单假定为刚接；二是结构设计对施工过程的模拟计算与实际施工过程存在一定的不匹配。

　　（4）混凝土曲面壳体的设计要同时考虑施工方案并核算施工荷载。设计与施工有着互相依赖的关系，因此，只有两者密切配合，经过多方案比较，才能求得最佳的设计与施工方案。

（5）数值模拟与风洞试验结果的整体规律性是趋于一致的，且不同风向角下的极值相差不大，说明数值风洞模拟结果可以应用于复杂空间结构的抗风荷载设计工作当中。尤其是在项目方案确定阶段，可以借助数值风洞模拟工作来进一步优化空间结构的外形布置。

本书由贾水钟组织和编写，李瑞雄参与全书 1～5 章的编写工作，孙悦参与本书部分章节的校对、修改工作。

本书的完成离不开相关领域专家学者的支持和鼓励，部分内容应用了国内外专家学者和设计同行的设计思路或研究成果，在此致以衷心的感谢。由于空间结构理论和技术发展迅速，书中难免存在不当和疏漏之处，敬请各位同仁批评指正。

贾水钟

2022 年 12 月 10 日，上海

目　录

第1章　绪论 ………………………………………………………… 1

1.1　复杂空间结构发展概况 ……………………………………… 1

1.2　上海天文馆项目 ……………………………………………… 3

　　1.2.1　项目背景 ………………………………………………… 3

　　1.2.2　设计思路及建筑要求 …………………………………… 4

1.3　本书主要研究内容 …………………………………………… 10

　　1.3.1　结构整体设计研究 ……………………………………… 10

　　1.3.2　结构舒适度的控制技术研究 …………………………… 10

　　1.3.3　混凝土壳体结构的设计与施工技术研究 ……………… 10

　　1.3.4　节点构造设计研究 ……………………………………… 10

　　1.3.5　结构风荷载研究 ………………………………………… 11

第2章　复杂空间结构技术研究与工程实践 …………………… 12

2.1　结构整体设计研究 …………………………………………… 12

　　2.1.1　上部结构体系 …………………………………………… 12

　　2.1.2　主要部位结构布置 ……………………………………… 14

2.2　结构计算分析 ………………………………………………… 20

　　2.2.1　设计计算方法 …………………………………………… 20

　　2.2.2　结构控制指标 …………………………………………… 22

　　2.2.3　结构静力计算分析结果 ………………………………… 22

　　2.2.4　结构抗震性能分析 ……………………………………… 43

2.3　结构舒适度控制技术研究 …………………………………… 50

　　2.3.1　结构振动控制研究现状 ………………………………… 50

2.3.2　TMD 振动控制的研究现状 ·················· 52

2.3.3　人行荷载的研究现状 ························ 54

2.3.4　人致振动舒适度评价方法 ·················· 56

2.4　天文馆结构关键部位舒适度计算 ·················· 63

2.4.1　结构在步行激励下的响应 ·················· 64

2.4.2　TMD 参数设计 ····························· 67

2.4.3　设置 TMD 后的减震效果 ·················· 68

2.5　本章小结 ····································· 69

第 3 章　混凝土壳体结构设计与施工技术研究 ·················· 71

3.1　混凝土壳体结构的发展和应用 ·················· 71

3.1.1　混凝土壳体结构的发展 ···················· 71

3.1.2　钢筋混凝土壳体结构发展的主要障碍 ·········· 73

3.2　曲面混凝土结构的施工 ························ 74

3.2.1　曲面混凝土施工中的难题 ·················· 74

3.2.2　曲面混凝土施工的施工方法 ················ 74

3.2.3　曲面混凝土施工的分项工程控制 ············ 75

3.3　天文馆混凝土壳体结构设计 ···················· 77

3.3.1　球幕影院区域结构布置 ···················· 77

3.3.2　球幕影院区域结构静力分析 ················ 78

3.3.3　球体与混凝土壳体节点连接构造 ············ 82

3.3.4　球幕结构整体稳定性能分析 ················ 82

3.3.5　多遇地震作用下球幕结构抗震性能分析 ········ 82

3.3.6　罕遇地震作用下结构抗震性能分析 ·········· 85

3.4　天文馆混凝土壳体结构施工技术研究 ·············· 91

3.4.1　混凝土曲壳结构设计概况 ·················· 91

3.4.2　工程施工特点和难点 ······················ 93

3.4.3　壳体结构施工顺序 ························ 93

3.4.4　壳体施工模板与支撑体系设计 ·············· 94

3.4.5　壳体结构施工技术措施 ···················· 96

3.5　本章小结 ····································· 98

第4章　节点构造设计研究 ………………………………………… **100**

4.1　节点形式 ……………………………………………… 100
4.1.1　根据施工方法划分 ……………………………… 100
4.1.2　复杂空间结构常用节点形式 ……………………… 101

4.2　节点研究方法 ………………………………………… 102
4.2.1　试验研究 ……………………………………… 102
4.2.2　数值模拟 ……………………………………… 102
4.2.3　组件法 ………………………………………… 103

4.3　节点设计研究 ………………………………………… 103
4.3.1　球幕影院球体与混凝土壳体连接节点 …………… 103
4.3.2　大悬挑区域弧形桁架相贯节点 …………………… 106
4.3.3　弧形桁架与混凝土筒体之间连接节点 …………… 112
4.3.4　铝合金网壳结构杆件连接节点 …………………… 116

4.4　本章小结 ……………………………………………… 118

第5章　复杂结构风荷载研究 …………………………………… **120**

5.1　大跨度屋盖结构抗风研究概况 ………………………… 120
5.1.1　研究思路 ……………………………………… 120
5.1.2　研究手段 ……………………………………… 120
5.1.3　ANN在结构抗风领域的应用 …………………… 121
5.1.4　主要研究内容 ………………………………… 123

5.2　刚性模型风洞测压试验 ………………………………… 124
5.2.1　风洞试验 ……………………………………… 124
5.2.2　风洞试验结果分析 …………………………… 132

5.3　天文馆表面风压的ANN预测 …………………………… 152
5.3.1　人工神经网络特点及研究意义 …………………… 152
5.3.2　BP神经网络的基本原理 ………………………… 153
5.3.3　天文馆表面未知测点的平均风压系数预测 ………… 155
5.3.4　未知风向角下的平均风压系数预测 ……………… 160
5.3.5　神经网络预测结果分析 ………………………… 162

5.4 数值模拟研究 ·· 163

    5.4.1 流场数值模拟方法 ····························· 163

    5.4.2 边界条件设置及网格划分 ····················· 164

    5.4.3 天文馆风荷载参数数值模拟 ··················· 165

5.5 数值模拟与风洞试验结果对比分析 ················ 171

    5.5.1 CFD 方法得到的结构表面风荷载分布特点 ········ 171

    5.5.2 数值模拟与试验结果对比分析 ················· 174

5.6 本章小结 ··· 176

参考文献 ··· 177

第 **1** 章　绪论

与精神文明建设一样，人们对于建筑的要求不再只停留在居住功能上，而是越来越多地追求建筑美感与功能的协调统一，像上海天文馆这样的大体量、大空间复杂建筑如雨后春笋般出现在人们的视野中，逐渐成为世界各地的地标性建筑。如何开发和研究复杂建筑中空间结构的技术，指导具体的工程实践，将是其向广度和深度不断发展所必须面对的课题。

当前，我国已将建设重点转向城镇化发展和城市结构调整之需建设，对建筑结构设计在功能、造型、技术经济性等方面提出了更高的要求，更提出了注重保护环境要求，迫切需要发展新型高性能建筑结构及其设计技术，以提高结构性能，降低结构材料。复杂空间结构是以高效、高性能和美观、灵活为特征的现代结构。复杂空间结构建造及其所采用的技术往往反映了一个国家建筑技术的水平，一些规模宏大、形式新颖、技术先进的大型复杂空间结构也成为一个国家经济实力与建筑技术水平的重要标志。

空间结构也称现代建筑结构，其特征为通过结构内力自平衡手段来减少结构用材、减轻结构自重，改变结构或构件的受力状态，从而大大减少结构用材，这种特殊的结构方法在大跨度、大悬挑的建筑中被广泛使用。复杂空间结构不仅追求结构自重轻，同时结构形式多样、美观的特点，能很好地适应和表现各类建筑。

1.1　复杂空间结构发展概况

古代空间结构主要以砖、石等材料筑成的拱式穹顶为主，例如公元前 14 年建成的罗马万神殿，采用直径 43.5m 的半球面砖石穹顶；我国明洪武年建成的南京无梁殿，采用跨度 38m 的柱面砖石穹顶。真正意义上近现代空间结构的发展尚不足百年，近代以来，随着社会经济的发展，人们对开阔空间和开阔场所的需求不断增加，如各类科教文娱场馆、体育场馆、会展中心、机场航站楼、大型工业厂房等建筑的兴建，三维受力、材料节省、造价低廉的大跨度复杂空间结构正是这类建筑的最佳选择。复杂空间结构的卓越工作性能不仅仅表现在三维受力，而且还由于它们通过合理的曲面形体来有效抵抗外荷载的作用。当跨度增大时，复杂空间结构就愈能显示出它们优异的技术经济性能。事实上，当跨度达到一定程度后，一般平面结构往往已难以成为合理的选择。从国内外工程实践来看，大跨度建筑多数采用各种形式的空间结构体系。

大跨度复杂空间结构受力合理、自重轻、造价低、结构形体和品种多样，是建筑科学技术水平的集中表现，因此各国科技工作者都十分关注和重视大跨度空间结构的发展历程、科技进步、结构创新、形式分类与实践应用。近现代以来，复杂空间结构从材料上主要可以分为：钢筋混凝土、钢材、铝合金、索膜、木材等各种类型；从结构体系上主要可以分为：刚性空间结构、柔性空间结构、刚柔性组合空间结构三大类。从国际上看，近代空间结构主要以 20 世纪初叶的薄壳结构、网架结构和悬索结构为主要标志；20 世纪末叶（约 1975 年后）后为现代空间结构，其主要标志为索膜结构、张拉整体结构、索穹顶结构等的大范围应用。董石麟以组成或集成空间结构基本构件（亦即板壳单元、梁单元、杆单元、索单元、膜单元）为出发点，将国内外的空间结构划分为 38 种具体的结构形式，按单元组成分类，并进一步以分类总图来表示。

中国的复杂空间结构在近 60 年间以不可阻挡之势迅猛前进，其所蕴涵的是中国经济规模不断扩张和工业化步伐的加快，特别是改革开放以来，这种趋势变得更加明显。在这期间，空间结构走向科技产业化，建立了强大的生产体系。从网架开始，以后向网壳、重钢、膜结构、板材和索制品等方面拓展，目前全国已有上百家从事与空间结构有关的企业，成为建筑业的一个新兴行业，由于生产的需要，培养了一支熟悉空间结构设计与施工的队伍。复杂空间结构的发展推动了技术进步。近年来在中国开展了大量的理论与试验研究，除了解决工程中的实际问题外，也重视更为基础性的理论问题。在此过程中，像设计理论与制造的计算机化、配套标准规程的制定、以小型机具或设备安装大型结构、钢结构制造和焊接工艺的革新等，都是一些重要的成就。

纵观当前世界各国的发展趋势，复杂空间结构将向跨度更大、外形更复杂的方向发展。建筑物的跨度取决于需要与可能。就需要而言，大型体育馆、飞机库有 200m 也足够了；就可能而言，还取决于经济实力，国家富裕了就能营造更大跨度的空间。然而，也不必追求无谓的"大"，在现代技术条件下，大跨度的纪录是很容易被打破的，真正有意义的大跨度在于其技术含量。在世界性"自由形式设计"浪潮的冲击下，复杂空间结构的形状显得更加多变，已不拘泥于传统的几何形状，而是随着建筑师的想象力描绘出新奇的画面。这种变化对结构工程师说来并非难题，通过计算机完全可以解决。然而对于中国设计者最重要的是概念设计。只有通过建筑师和工程师的密切配合，才能找到完美的结构形式，而这种形式是真正发掘出结构新材料或结构新体系的潜力。

复杂空间结构技术发展趋势涵盖以下几个方面：

（1）新材料：不锈钢、铝合金、钛合金、高强索、高分子膜材、玻璃等。新型建筑材料的结构应用包括新型材料的应用，新材料力学特性的应用，耐久性的评估。

（2）新结构：各种新型的结构形式出现，基于结构拓扑和形状的优化设计。

（3）新理论：大跨度风敏感结构的风致振动响应，超长结构的多维多点地震分析，缺陷敏感结构的稳定性研究。

（4）新技术：适合新型复杂空间结构的分析软件，精美的建筑构件、节点等产品。

（5）新需求：结构全寿命检测和监测技术。

上海天文馆（上海科技馆分馆）项目不仅是作为先进的天文科技普及展示场所，同时天文馆建筑本身也融入于天地之间的天文现象展示。该工程实例通过国际征集建筑方案获得社会的好评和有关部门的确认，但要最终实现其设计效果面临诸多困难，如大悬挑、倒转穹顶、球幕影院球体、悬挂弧形步道等的设计与施工。本书主要介绍其中的关键技术难题，为项目的顺利实施提供技术指导，为类似项目提供相关的技术和人才积累，具体需要解决以下几方面难题：

（1）复杂空间结构舒适度控制技术的研究与应用。

（2）异形曲面混凝土壳体结构的设计及施工技术研究与应用。

（3）特殊节点构造的研究与应用。

（4）特殊部位风荷载模拟技术的研究与应用。

1.2 上海天文馆项目

1.2.1 项目背景

上海天文馆（上海科技馆分馆）位于浦东新区的临港新城（图 1-1），总建筑面积 38 163.9m²，包括地上面积 25 762.1m² 和地下室面积 12 401.8m²。基地内有两组建筑，主

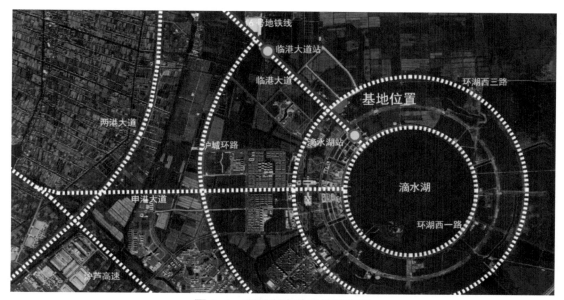

图 1-1 项目所在地区位说明图

体建筑面积 35 253.2m²，魔力太阳塔、青少年观测基地、厨房（餐厅）和大众天文台四者的合计面积是 2 910.7m²（图 1-2）。地面建筑不超过三层，其中主体建筑地面以上三层，地下一层，总高度 23.950m；青少年观测基地地上一层，总高 4.67m；厨房（餐厅）地上一层，总高度 6.65m；魔力太阳塔地上两层，总高度 22.50m；大众天文台地上三层，总高度 20.45m。

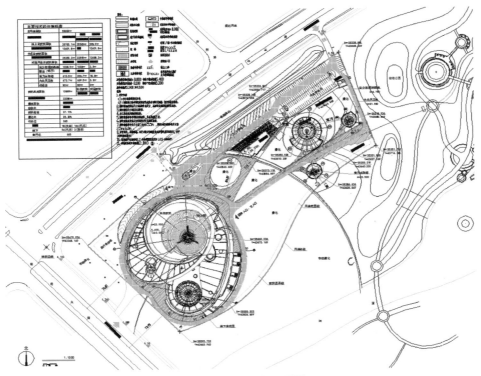

图 1-2　项目总平面图

1.2.2　设计思路及建筑要求

上海天文馆肩负四重使命：提高公众的科学素养，普及天文知识，宣传科学理念，激励公众对探索宇宙和未知世界的兴趣。通过展品和建筑，上海天文馆将人与人以及人与广袤的宇宙联系起来；它宣传最新的科学知识，引导年轻人能对宇宙和人类所处位置有基本的了解；最重要的是，它应该孕育人文精神。

建筑设计策略提供了一个平台，借此让人们体验这些自然现象，将其作为一种隐喻，创造建筑的形式与体验，向人们展示这个建筑的学术使命。轨道运动和引力不仅影响着建筑的外观，还影响游客体验这栋建筑的方式：在这些流线系统内，穿过仿佛无重量的悬浮的球体天象厅，走过因太阳的运转而改变光线的时光通道。如同古代文明的结构，该建筑的设计不仅展现了天文学的现象，而且紧密地与它们的周期相连。设计把握了最基本的天文原则，即引力、天文的尺度和轨道力学，并以此为基础将多个基本天文概念融入其中（图 1-3）。

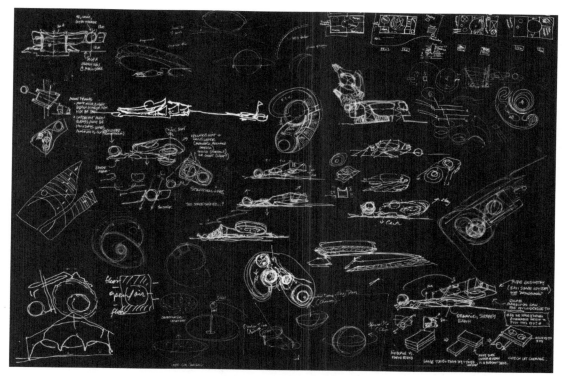

图 1-3 设计思路草图

轨道的概念构成了这个建筑及其与场地的关系。场地的弧线源自多种"引力"的相互作用：城市总体规划、周边环境、访客的路径、室外展览和天文馆主建筑内的三个"天体"（图 1-4 和图 1-5）。轨道起始于临港新城的环形总体规划，侧向连接附近的环形路。场地弧形将天文馆及其三个"天体"锁定在较大的城市结构之中，不仅将此建筑立于绿色区域，还与市中心的滴水湖的几何形体相连。一个极具隐喻色彩的向内螺旋从城市中延续至场地区域，最终抵达天文馆建筑的中心，这些轨道的动态能量激发了整个建筑的活力。

从影响场地的弧线始发，一系列像轨道一样的螺旋带状物围绕着整个建筑，并在博物馆的顶部达到高潮。螺旋上升的带状表皮唤起一种动态之感，从地面升起，旋转入空中。受一个三体轨道的复杂路径影响，带状表皮与曲线轨迹完美结合，建筑内三个"天体"的引力对曲线轨迹产生影响：圆洞天窗、倒转穹顶和球体。每个主要元素作为一个天文仪器，跟踪太阳、月亮和星星，并提醒人们时间概念起源于遥远的天体。该建筑的外观、功能和流线进一步结合轨道运动，令参观者穿过展厅，体验三个中心天体。

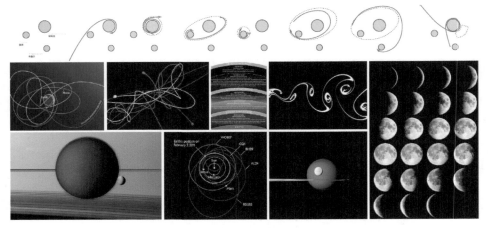

图 1-4　设计思路灵感来源（一）

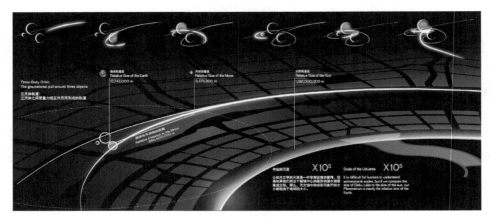

图 1-5　设计思路灵感来源（二）

　　圆孔天窗是入口体验的核心元素：尽管它位于博物馆展厅的悬挑体量上，但却属于公共区域的一部分。博物馆入口广场可作为节庆场地，"圆孔天窗"的核心位置极为瞩目。永久性展厅在倒转穹顶处达到顶峰，游客从室内前往体验这个空间的磅礴气势，仰望天空。三层高的中庭位于倒转穹顶的下面，所有展厅以它为中心环绕布置，因此它也是游客的必经通道。多层中庭内的螺旋坡道延伸至倒转穹顶的下方，既可用于从博物馆顶层下楼的通道，也可用于楼层之间的垂直交通。中庭位于博物馆中央。球体包括天文馆入口、预览和天象展，这是博物馆内一个重要的标志和游客的参照点，也是博物馆不可或缺的永久性标志。

　　建筑与地平线和天空的相对关系经过精心设计，无论白天黑夜，人们都可以从多个有利位置观赏天文馆极具雕塑感的形体，赋予市民强烈的自豪感和认同感。将轨道形式和建筑的三个天体元素相结合，创造出"宏伟"的环境，让游客在逐步探索的过程中，体验博物馆（图 1-6）。

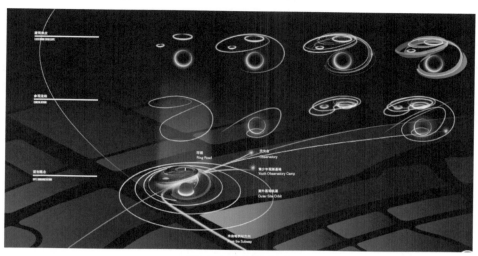

图 1-6　建筑成形

球幕影院（球体）：球体包含剧院的半球形银幕，其外形不仅源自设计需要，还展示出最原始的天体轮廓（图 1-7）。球体悬浮于地面之上，由屋顶结构支撑，可以让游客从下面体验它的失重感。支撑球体的屋顶也可作为一个名副其实的地平线，提供了一个上升或下降的天体景观。球形外观作为展览的一个部分进一步得到生动展示，例如，可作为一个行星等级的展示（其大小相对于地球，如同滴水湖相对于太阳）。球体被游客视为一个永久的参照点（如太阳）。球体周围环绕的天窗让阳光直射进入，射到博物馆地面上的光的移动标志着时间的推移。当人们看到完整的光环形状的光时，就宣告着夏至正午时分的到来。

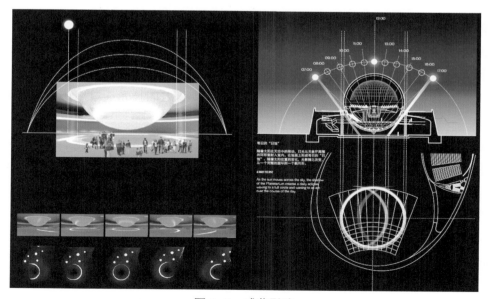

图 1-7　球幕影院

大悬挑圆洞天窗："圆洞"悬挂在博物馆主入口上端，通过穿过它而到达入口广场和倒影池的太阳光环显示时间推移（图1-8）。圆洞的倾斜角度与太阳在一年中的日照角相对应而设计，透过"圆洞"的日光在"圆洞"下面的广场上形成的光影，向人们指明一天和一年的光图。实际上，"圆洞"成为建筑上的一个日晷，它还能在整个农历的重要节假日期间表明月相。

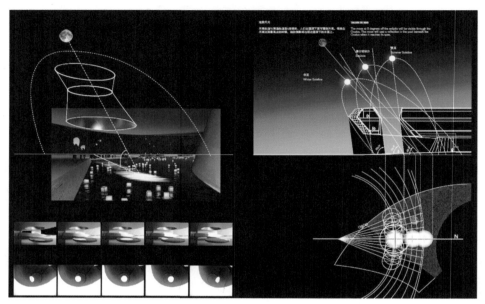

图1-8　圆洞天窗

倒转穹顶：通过改变地平线的角度，限制周边景观的干扰，无论白天和黑夜，人们在倒转穹顶上都可以不受干扰地观察天空（图1-9）。倒转穹顶令游客关注天空，与室内的虚拟星空天象展相得益彰，游客在天文馆可尽情体验天空与宇宙之旅。作为一次印象深刻的空间体验，倒转穹顶是游客参观博物馆展览的巅峰体验。入口位于正北，切入倒转穹顶，每天午时，人们在穹顶下的中庭可清晰看到直射的日光透过入口通道的玻璃洒向室内。

上海天文馆日历：这个图形日历图表显示了由天文馆的三个"天体"在不同的时间增量中对时间的测量：一天、一季和一年（图1-10）。它结合了现代日历和中国传统的时间记录，包括阴历和二十四节气，即基于地球相对于太阳的位置对历年进行等分。该建筑作为一个天文仪器，跟踪地球、月球和太阳在天空的运动路径。中国元宵节、中秋节、冬至、夏至等特殊节日以多种方式在建筑内外进行展示：特定的光影与地面的标记重合，宣告特殊时刻或日子的到来；月相的变化透过建筑反映在反射池中；特定的时间日光通过精心设计的光槽直射入建筑。设计的成果是该建筑通过三个建筑元素，反映时间的变化。由此创建的博物馆与所在位置、周边环境和母体文化传统紧密相连。

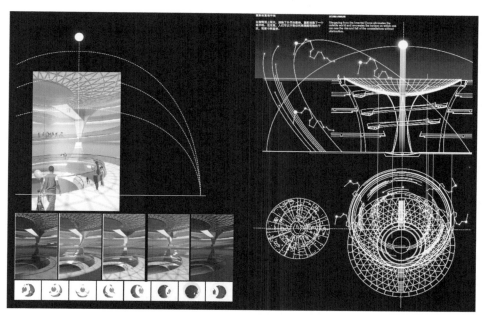

图 1-9 倒转穹顶

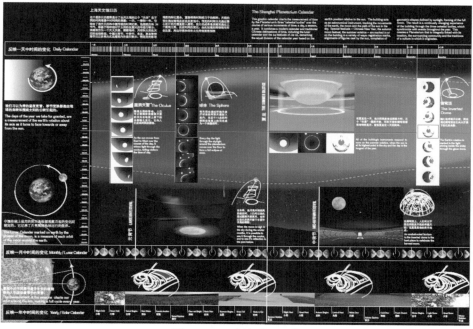

图 1-10 建筑"日历"

1.3　本书主要研究内容

本书以上海天文馆项目为载体，针对上海天文馆大体量、大空间复杂建筑特点，在设计及建造过程中，开发和研究复杂建筑中空间结构的技术，指导具体的工程实践，将其向广度和深度不断发展。本工程结构形态独特、体系复杂、设计及施工难度大，针对目前存在问题，从以下环节开展研究，力争全面控制项目的技术风险，同时为类似项目提供技术积累和参考借鉴。

1.3.1　结构整体设计研究

建筑形态及内部空间复杂，曲线型构件、斜构件众多，结构与建筑、幕墙、设备管线等关系复杂，结构体系及构件的设计对建筑功能及影响巨大。通过对结构整体设计，优化建筑各部分的结构布置，选取合理的结构体系，实现结构经济性的同时最大程度地实现建筑理念。同时，通过详细的计算分析，研究结构在常规荷载及地震作用下的性能，保证结构的安全。

1.3.2　结构舒适度的控制技术研究

上海天文馆建筑存在40m长大悬挑、60m大跨度、"悬浮"于混凝土壳体上方29m直径的球体、40m直径倒转穹顶、少量点支撑的200多米长旋转步道等多处振动敏感部位，同时存在部分对振动要求较高的设备。为了满足人流舒适度和设备运行要求，研究采用先进的振动控制技术，控制结构竖向振动的周期和加速度，如设置阻尼器。同时，优化结构体系，使结构尽可能轻巧，最大程度实现建筑创意。

1.3.3　混凝土壳体结构的设计与施工技术研究

本项目混凝土壳体为一接近半球形的混凝土薄壳（直径50m，一端开口），顶部通过6个点支撑一直径29m球体影院，达到一悬浮星球的建筑效果。为了减小壳体的厚度，减轻混凝土重量，在壳体外表面设置上翻加劲肋，保证壳体内表面的光滑。研究异型曲面混凝土的设计方法，通过详细的分析计算，把握壳体结构的内力分布及传力路径，优化结构的构造做法；同时研究其施工流程、施工措施、模板处理等，保证其表面的建筑效果及浇注质量。

1.3.4　节点构造设计研究

上海天文馆项目存在多处钢结构与混凝土结构相连接的节点，40m大悬挑及60m大跨度与混凝土简体之间、200m长旋转步道与三根混凝土立柱之间等，尤其是29m直径天象厅球体与下部混凝土壳体结构之间只通过少数几个节点连接，在室内形成环形的太阳光圈，以达到球体悬浮于空中的效果。因此，节点形式的分析与选择、节点构造设计是项目的一大难点，既要保证结构的安全，同时还需满足建筑效果的要求。

1.3.5　结构风荷载研究

结合计算机计算分析与实验方法，研究结构风敏感部位的处理方法，分析不同参数处理可能带来的影响，使得风荷载取值更能反映真实情况。

第2章 复杂空间结构技术研究与工程实践

2.1 结构整体设计研究

2.1.1 上部结构体系

上海天文馆主体建筑横向长 140m 左右，纵向长 170m 左右，结构最大高度 22.5m，局部突出屋顶设备间高度 26.5m。地下一层，较高一侧地上三层，局部有夹层，较低一侧地上一层。上部结构采用钢筋混凝土框架剪力墙结构，局部采用钢结构和铝合金结构（图 2-1）。上部结构主要由四部分组成，即大悬挑区域（图 2-2）、倒转穹顶区域（图 2-3）、球幕影院区域（图 2-4）及连接这三块区域之间的框架。其中大悬挑区域采用空间弧形钢桁架＋楼屋面双向桁架结构，桁架结构支撑于两个钢筋混凝土核心筒上，倒转穹顶采用铝合金单层网壳结构，倒转穹顶支撑于"三脚架"顶部环梁上，"三脚架"结构采用清水混凝土立柱（内设空心薄壁钢管）和混凝土环梁，穹顶下方旋转步道支撑于"三脚架"立柱上。球幕影院区域球体采用钢结构单层网壳结构，球体内部结构采用钢框架结构，球体通过六个点支撑于曲面混凝土壳体结构上。大部分屋面为不上人屋面，采用轻质金属板屋面，局部上人屋面和楼面采用现浇混凝土楼板，局部采用闭口型压型钢板组合楼板。地下室顶板除球幕影院区域开大洞外，相对较完整，二层和三层楼面均有大面积缩减，如图 2-5 ～图 2-8 所示。

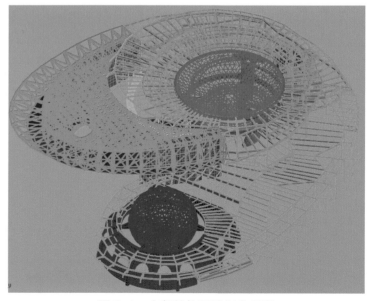

图 2-1 上部结构区域划分示意

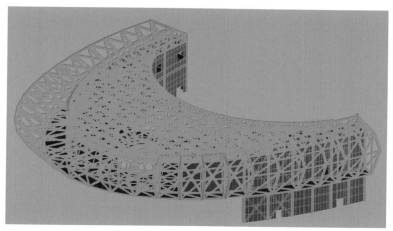

图 2-2　大悬挑区域

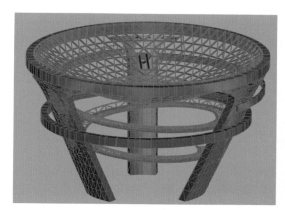

图 2-3　倒转穹顶区域

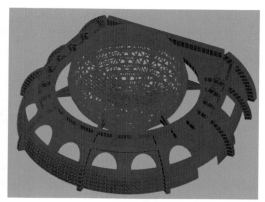

图 2-4　球幕影院区域

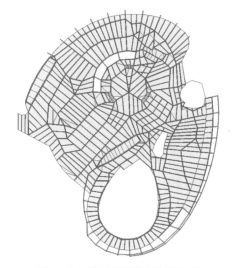

图 2-5　地下室顶板楼板范围

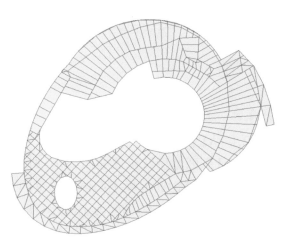

图 2-6　二层楼板范围

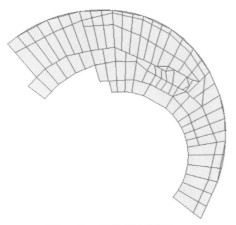

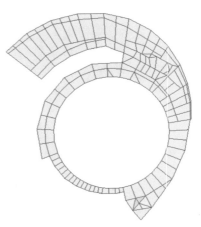

图 2-7　三层楼板范围　　　　　　　　　图 2-8　屋面楼板范围

由于较低一侧屋面为轻质金属屋面，结构为钢框架，结构刚度小，变形能力强，且其质量与整个上部结构相比不超过其 5%，因此整个结构采用无缝设计，但在构造上加强高低侧连接处立柱的配筋（图 2-9）。

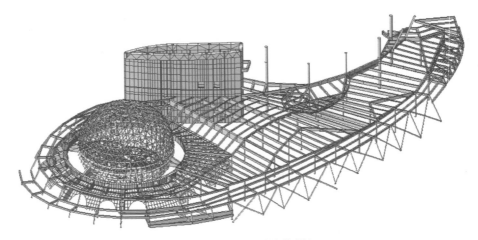

图 2-9　较低一侧结构骨架

2.1.2　主要部位结构布置

2.1.2.1　大悬挑区域

　　大悬挑区域所在位置如图 2-10 所示，悬挑区域采用钢结构体系，主要受力构件为支承于现浇钢筋混凝土筒体上的空间弧形桁架（尺寸见图 2-10）和楼屋面楼面双层网架，网架中心线厚度为 1.8m。为了保证荷载的传递，在混凝土筒体内设置钢骨（图 2-11）。考虑构造要求，核心筒墙厚度取 1 000mm。空间弧形桁架及大悬挑区域模型如图 2-12 ～图 2-15 所示。

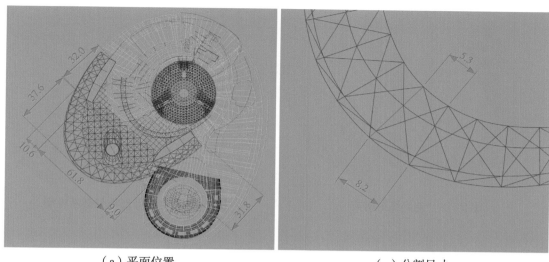

（a）平面位置　　　　　　　　　　　　　　　　（c）分割尺寸

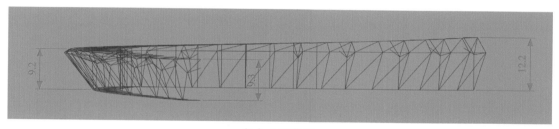

（b）立面位置

图 2-10　悬挑区域所在位置及尺寸

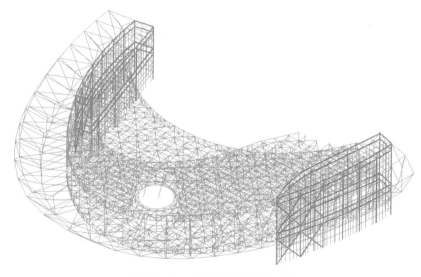

图 2-11　核心筒内设置钢骨

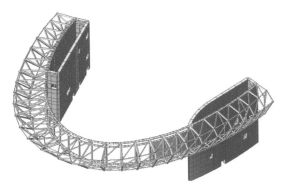

图 2-12　空间弧形桁架

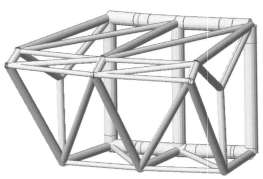

图 2-13　空间弧形桁架截断模型

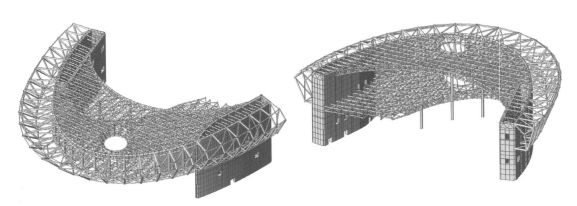

图 2-14　大悬挑区域三维实体模型

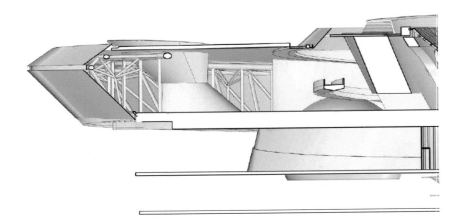

图 2-15　大悬挑区域建筑剖面图

2.1.2.2　倒转穹顶区域

　　倒转穹顶区域所在位置如图 2-16 所示，倒转穹顶采用铝合金单层网壳结构，穹顶支承于下部"三脚架"顶部的环梁上，穹顶下方旋转步道采用钢结构体系，步道支承于"三脚架"立柱上（图 2-17 ~ 图 2-21）。"三脚架"采用现浇钢筋混凝土结构，顶部环梁截面 1 800mm×2 000mm（内置十字型型钢），下方环梁截面 1 200mm×1 800mm，且下方环梁位于立柱的外表面以外。北侧立柱截面为 5m×1.8m，南侧两根立柱截面为 7m×1.8m。为了减轻立柱的重量，同时简化旋转步道与立柱的连接构造，"三脚架"立柱采用内置直径 1 200mm 薄壁空心钢管，钢管在高度方向每隔 3m 通过一水平横隔板连接在一起，外表面为清水混凝土，为了保证立柱底部水平力的传递，此范围基础底板加厚为 1 200mm。旋转步道宽度 3.25m，长度 178m，最大跨度 40m。

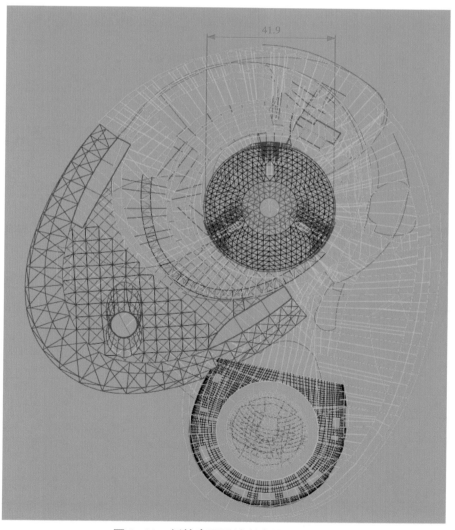

图 2-16　倒转穹顶区域所在位置及尺寸

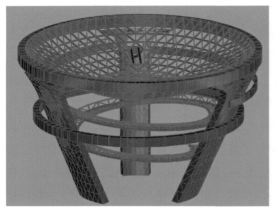

图 2-17　倒转穹顶结构三维实体

图 2-18　旋转步道结构细部

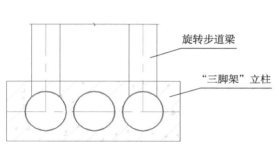

图 2-19　"三脚架"立柱断面

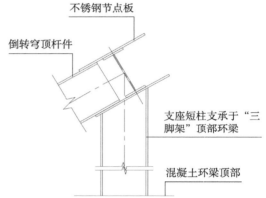

图 2-21　铝合金网壳与"三脚架"环梁连接构造

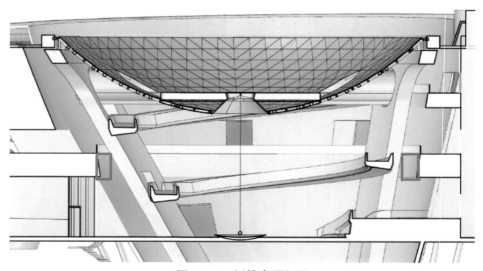

图 2-20　倒转穹顶剖面

2.1.2.3 球幕影院区域

球幕影院区域所在位置如图 2-22 所示，球幕影院顶部球体采用钢结构单层网壳结构，其内部观众看台结构采用钢梁 + 组合楼板的结构形式（图 2-23 和图 2-24）。球体底部支撑结构根据建筑效果要求采用混凝土壳体结构，并均匀设置加劲肋，壳体与钢结构球体之间设置钢筋混凝土环梁，环梁内设置钢骨（图 2-25）。球体结构通过六个点与混凝土环梁连接。

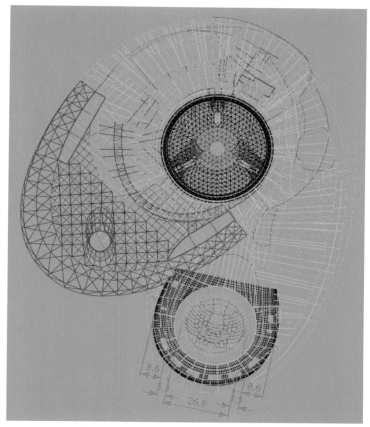

图 2-22 球幕影院区域所在位置及尺寸

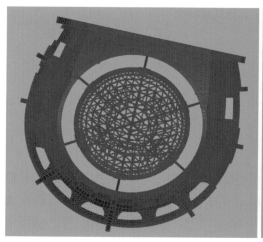
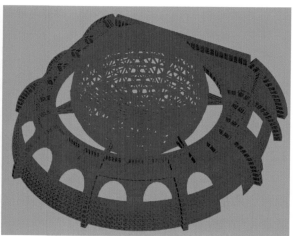

图 2-23 球幕影院区域结构三维实体图

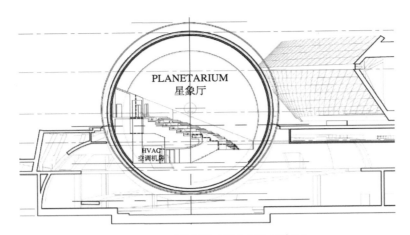

图 2-24　球幕影院区域建筑剖面图

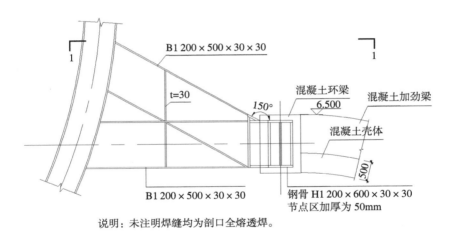

说明：未注明焊缝均为剖口全熔透焊。

图 2-25　球体与混凝土壳体连接构造

2.2　结构计算分析

2.2.1　设计计算方法

2.2.1.1　常规性能设计

对于一般结构，其常规性能的设计通常采用整体建模计算分析，并按照规范要求控制相应的指标在允许范围之内即可，计算模型简单、计算方法简便、计算结果判断准确清晰，结构性能容易把握和控制。

而对于复杂空间结构，其结构形态复杂，结构材料种类多，多种结构体系组合成一个整体，包括大悬挑、大跨度、大开洞、不规则曲面等结构单元，结构受力性能复杂，通过常规的计算很难准确把握其性能，因此设计上通过采用整体建模计算、各体系分块建模计算相结合的设计方法，既保证各子体系自身的安全，同时又通过整体分析把握各子体系之间的联系，找到结构的薄弱点并有针对性地进行加强，全方位地保证结构的安全。同时，通过考虑几何非线性，考虑结构的二阶效应影响。对于大悬挑区域二层楼面，分别考虑有楼板和没有楼板两种情况进行包络设计，以考虑楼板刚度对钢结构的影响。

2.2.1.2 防倒塌设计

目前国内外相关的抗震设计规范虽然规定了地震作用下保证"大震不倒"的设计原则，但缺乏精确的定量设计方法。对局部作用下结构防连续倒塌主要有两种设计方法：一种是基于确定性意外灾害产生的偶然荷载或作用，得到结构的反应并进行设计，这种方法与常规设计方法类似；另一种方法不关注灾害荷载或作用的情况，而注重结构自身的整体牢固性进行结构设计。

目前常用的防倒塌设计方法有替代荷载路径法，即通过人为去除结构的关键构件，进而研究剩余结构是否连续倒塌，其设计流程如图 2-26 所示。

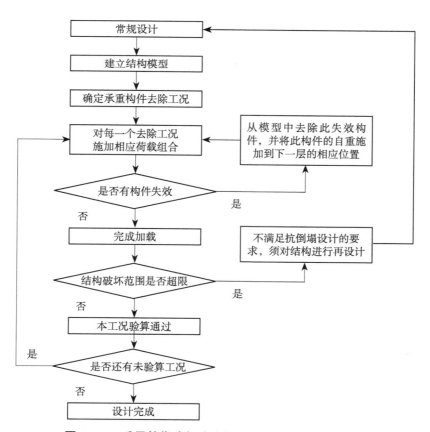

图 2-26　采用替代路径法进行结构抗连续倒塌设计流程

本节所采用的防倒塌设计为分块计算分析法，既保证整体结构性能满足抗震设防要求，同时保证各主要分块单元独立受力时满足抗震设防要求，增加结构的冗余度，避免结构的连续倒塌。

2.2.2 结构控制指标

对于复杂结构，其受力和变形性能与常规结构相比复杂程度明显提高（表 2-1），采用常规结构的性能指标进行控制将带来很大的难度，一方面是难以统计相关的结果，二是指标的限值也应有所区分。

表 2-1 结构位移及构件性能控制指标

项目	指标
主梁、桁架挠度、步道挠度	1/400
次梁挠度	1/250
铝合金网壳挠度	1/250
柱顶位移、层间位移角	1/800
一层墙柱层间位移角	1/2 000
钢柱长细比	100
其余钢压杆长细比	150
拉杆长细比	300
次梁应力比	0.85
铝合金网壳、钢结构网壳、主梁、钢柱应力比	0.8
楼面、步道桁架弦杆应力比	0.8
楼面、桁架腹杆应力比	0.85
弧形桁架应力比	0.75
球幕影院球体与混凝土壳体连接杆件应力比	0.7

2.2.3 结构静力计算分析结果

2.2.3.1 位移计算

1）整体模型

恒 + 活作用下整体结构的最大竖向位移为 –140.4mm，位于大悬挑区域悬挑端部（图 2-27）。

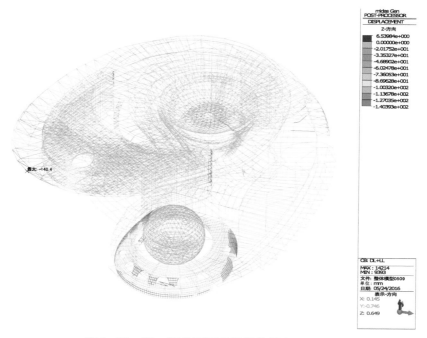

图 2-27 恒 + 活作用下整体结构的竖向位移

恒 + 活作用下整体结构的最大水平位移为 19.4mm，位于大悬挑区域悬挑端部（图 2-28）。

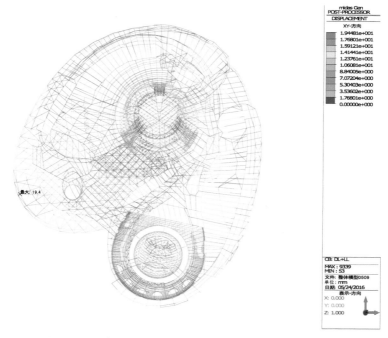

图 2-28 恒 + 活作用下整体结构的水平位移

升温20℃作用下整体结构的最大水平位移为18.8mm，位于北侧外立面上（图2-29）。

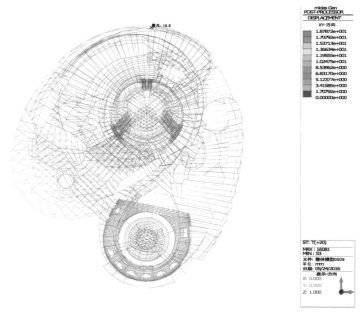

图 2-29 升温 20℃作用下整体结构的水平位移

恒 + 活作用下大悬挑区域结构的最大竖向位移为 –140.4mm（图 2-30），相对于悬挑长度 37.6m 的挠跨比为 37 600/140.4 = 268，满足规范 1/200 的限值要求。

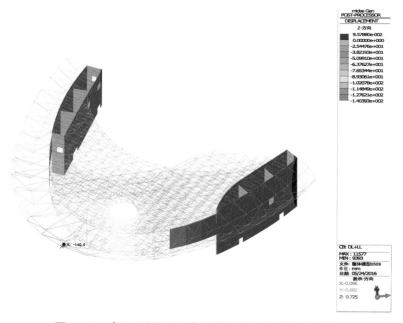

图 2-30 恒 + 活作用下大悬挑区域结构的竖向位移

恒 + 活作用下倒转穹顶区域网壳结构的最大竖向位移为 –54.3mm（图 2–31），挠跨比为 41 900/54.3 = 772，满足铝合金结构设计规范 1/250 的限值要求。

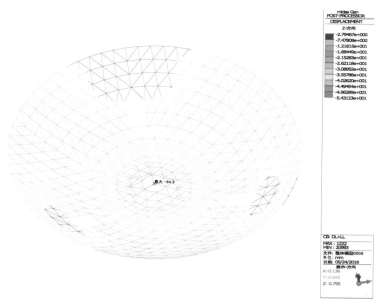

图 2–31　恒 + 活作用下倒转穹顶区域网壳结构的竖向位移

恒 + 活作用下倒转穹顶区域"三脚架"结构的最大竖向位移为 –27.9mm（图 2–32），位于二层环梁处，挠跨比为 33 000/27.9 = 1 183，满足混凝土结构设计规范 1/400 的限值要求。

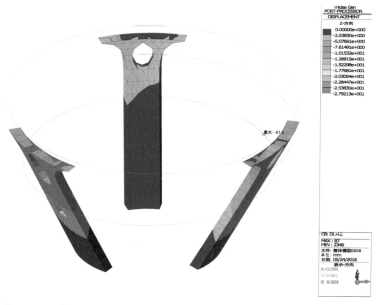

图 2–32　恒 + 活作用下倒转穹顶区域"三脚架"结构的竖向位移

恒+活作用下倒转穹顶区域"三脚架"的最大水平位移为 8.2mm（图 2-33）。

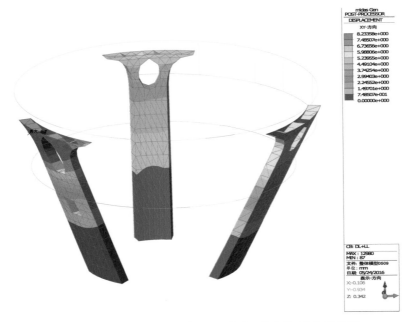

图 2-33　恒 + 活作用下倒转穹顶区域"三脚架"的水平位移

恒+活作用下倒转穹顶区域旋转步道的最大竖向位移为 -35.3mm（图 2-34），挠跨比为 28 700/35.3 = 813，满足钢结构设计规范 1/400 的限值要求。

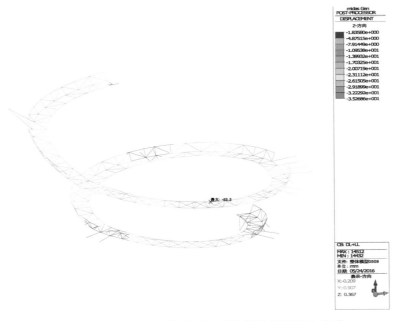

图 2-34　恒 + 活作用下倒转穹顶区域旋转步道的竖向位移

恒＋活作用下倒转穹顶区域旋转步道的最大水平位移为 6.5mm（图 2-35）。

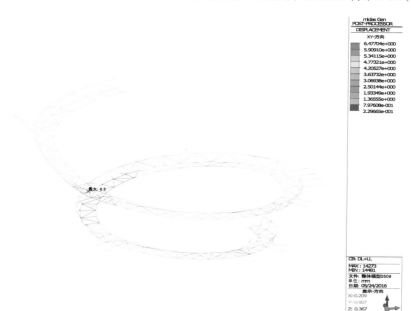

图 2-35　恒＋活作用下倒转穹顶区域旋转步道的水平位移

恒＋活作用下球幕影院结构的最大竖向位移为 –35.6mm，位于球体与混凝土壳体开口处跨中（图 2-36），挠跨比为 41 500/35.6 ＝ 1 166，满足结构设计规范 1/400 的限值要求。

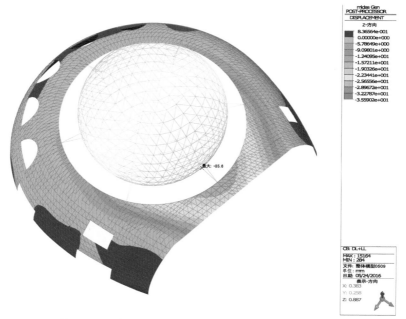

图 2-36　恒＋活作用下球幕影院结构的竖向位移

恒 + 活作用下球幕影院结构的最大水平位移为 16.5mm（图 2-37）。

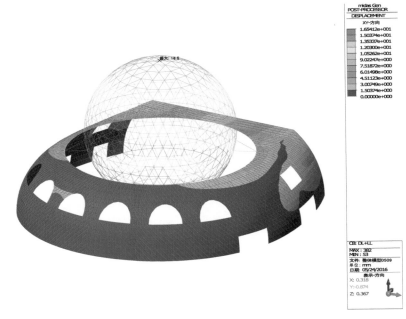

图 2-37　恒 + 活作用下球幕影院结构的水平位移

2）大悬挑区域独立模型

大悬挑区域独立模型选取时考虑其附近混凝土结构（即地下室相关区域和上部直接相连的构件），计算简图如图 2-38 所示。

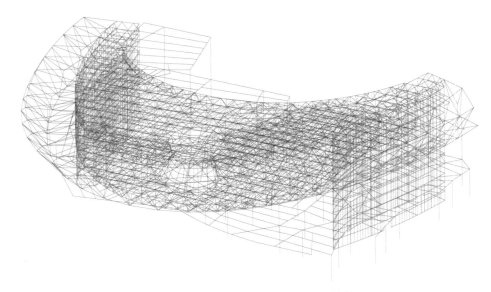

图 2-38　大悬挑区域独立模型计算简图

恒 + 活作用下结构的最大竖向位移为 –144.4mm（图 2–39），相对于悬挑长度 37.6m 的挠跨比为 37 600/144.4 = 260，仍满足规范 1/200 的限值要求。同时，与整体模型相比只是增加了 4mm。说明大悬挑区域结构比较独立，周边结构对其性能影响很小。

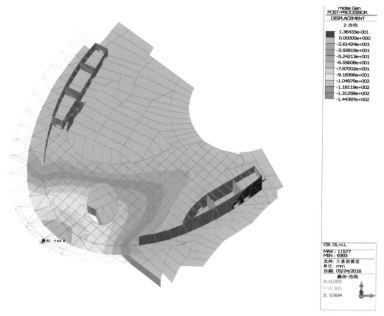

图 2-39　恒 + 活作用下结构的竖向位移

3）倒转穹顶区域独立模型

倒转穹顶区域独立模型选取时不考虑外围结构及中庭旋转步道对其的影响，中庭旋转步道单独建模计算，不考虑地下室顶板对其约束作用，计算简图如图 2–40 和图 2–41 所示。

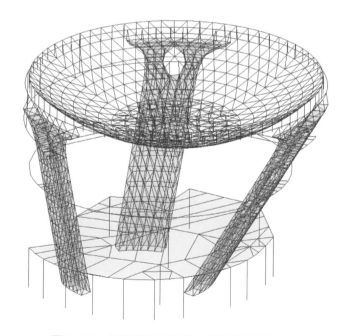

图 2-40　倒转穹顶区域独立模型计算简图

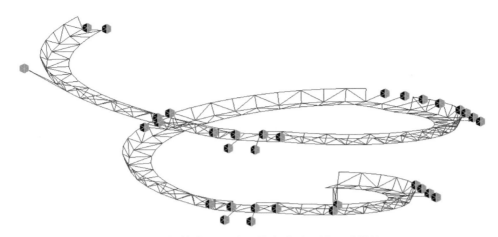

图 2-41　倒转穹顶区域旋转步道独立模型计算简图

恒 + 活作用下倒转穹顶区域网壳结构的最大竖向位移为 –65.0mm（图 2-42），挠跨比为 41 900/65 = 645，满足铝合金结构设计规范 1/250 的限值要求。其位移与整体模型相比增加了 11mm。

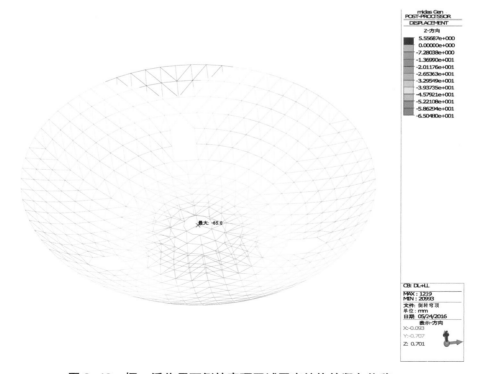

图 2-42　恒 + 活作用下倒转穹顶区域网壳结构的竖向位移

恒 + 活作用下倒转穹顶区域"三脚架"结构的最大竖向位移为 –58.8mm，位于屋顶环梁跨中（图 2-43），挠跨比为 32 000/58.8 = 544，满足混凝土结构设计规范 1/400 的限值要求。其位移相比于整体结构显著增加，说明中庭周边混凝土框架结构对"三脚架"的变形有一定的约束作用。

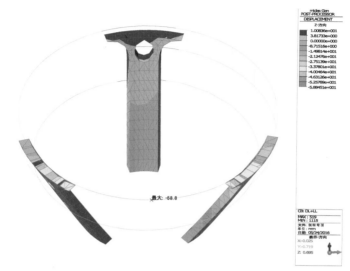

图 2-43　恒 + 活作用下倒转穹顶区域"三脚架"结构的竖向位移

恒 + 活作用下倒转穹顶区域"三脚架"结构的最大水平位移为 58.9mm（图 2-44），结构较大的水平位移是由"三脚架"不对称布置造成的，北侧立柱倾角较小，而南侧两根立柱倾角较大，有往外倒的趋势。而整体模型中由于有周边楼板及框架的约束作用，其位移大大减小。

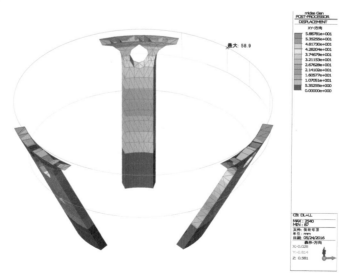

图 2-44　恒 + 活作用下倒转穹顶区域"三脚架"结构的水平位移

恒 + 活作用下倒转穹顶区域旋转步道的最大竖向位移为 –43.3mm（图 2–45），挠跨比为 28 700/43.3 = 663，满足钢结构设计规范 1/400 的限值要求。相比于整体模型其位移增加了 8mm。

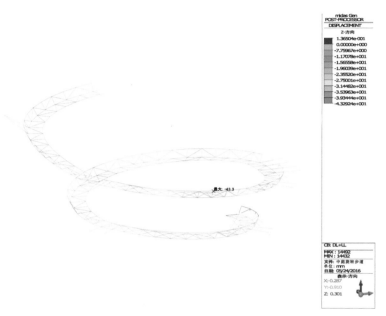

图 2–45　恒 + 活作用下倒转穹顶区域旋转步道的竖向位移

恒 + 活作用下倒转穹顶区域旋转步道的最大水平位移为 7.5mm（图 2–46）。

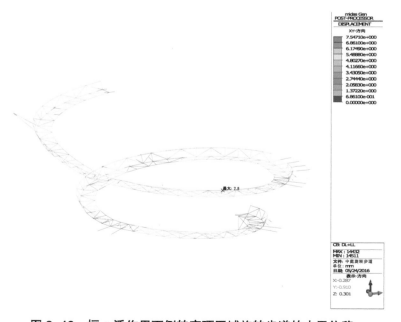

图 2–46　恒 + 活作用下倒转穹顶区域旋转步道的水平位移

4）球幕影院独立模型

球幕影院独立模型选取时，不考虑地下室顶板对其嵌固作用，计算简图如图 2-47 所示。

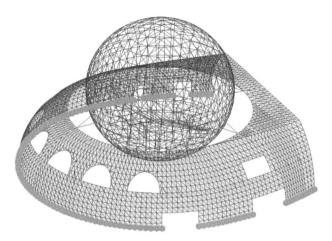

图 2-47　球幕影院区域独立模型计算简图

球幕影院静力分析时按两种情况考虑：一是球体与下部混凝土壳体之间为刚接连接，二是铰接连接。

（1）刚接模型。恒 + 活作用下球幕影院结构的最大竖向位移为 -38.3mm，位于球体与混凝土壳体开口处跨中（图 2-48），挠跨比为 41 500/38.3 = 1 084，满足结构设计规范 1/400 的限值要求。相比于整体模型只增加了 3mm 不到。说明球幕影院区域结构比较独立，周边结构对其影响较小。

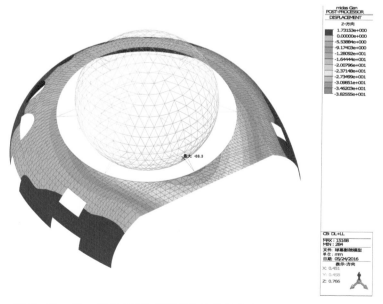

图 2-48　恒 + 活作用下球幕影院结构的竖向位移（刚接模型）

恒＋活作用下球幕影院结构的最大水平位移为 17.2mm（图 2-49）。相比于整体模型只增加了 1mm 不到。

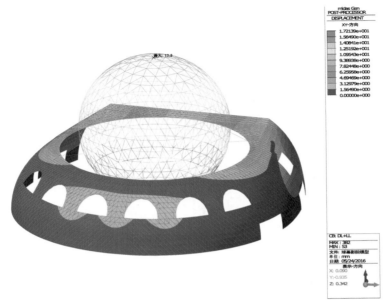

图 2-49　恒＋活作用下球幕影院结构的水平位移（刚接模型）

（2）铰接模型。恒＋活作用下球幕影院结构的最大竖向位移为 -38.2mm（图 2-50），与刚接模型相比没有什么变化。说明钢球体与混凝土壳体之间连接的刚性对球体的变形影响可以忽略。

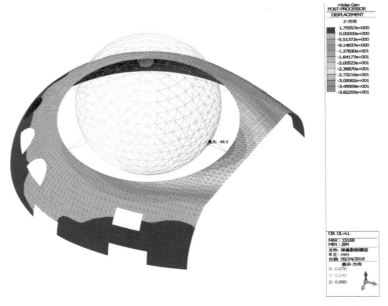

图 2-50　恒＋活作用下球幕影院结构的竖向位移（铰接模型）

2.2.3.2　杆件设计

杆件应力比分析时也分整体模型和独立模型包络设计。

1）整体模型

整体模型杆件应力比分析结果如图 2-51～图 2-55 所示。

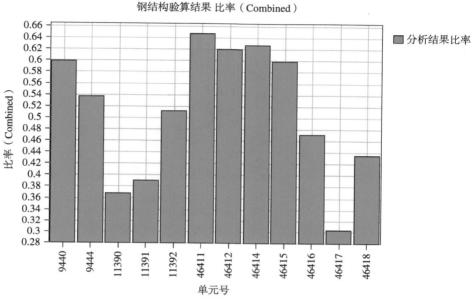

图 2-51　最不利组合工况作用下球幕影院与混凝土壳体连接杆件应力比
最大值为 0.648 < 0.7，满足要求。

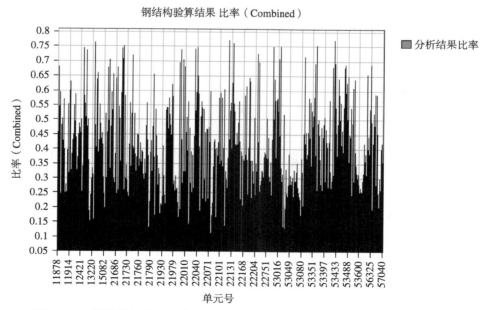

图 2-52　最不利组合工况作用下大悬挑区域弧形桁架杆件应力比
最大值为 0.772，个别几根杆件略大于 0.75，满足要求。

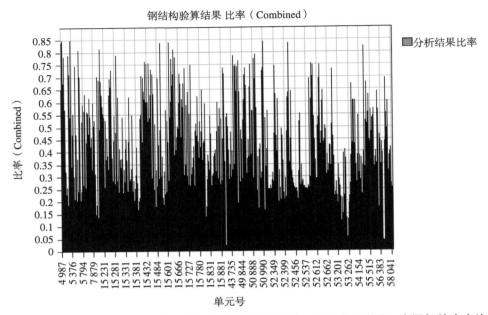

图 2-53 最不利组合工况作用下大悬挑区域楼面桁架腹杆、其他区域楼屋面次梁杆件应力比
最大值为 0.851，满足要求。

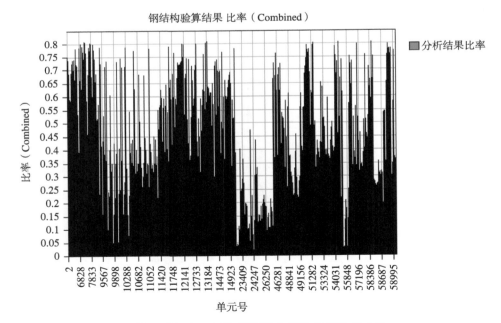

图 2-54 最不利组合工况作用下其余钢构件杆件应力比
最大值为 0.809，满足要求。

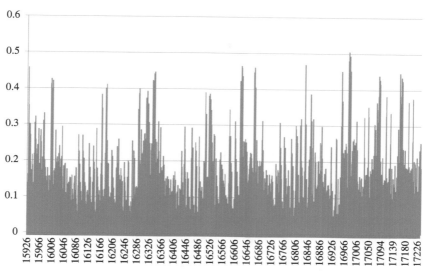

图 2-55　最不利组合工况作用下倒转穹顶区域铝合金杆件应力比

最大值为 0.51，小于 0.8，满足要求。

2）大悬挑区域独立模型

大悬挑区域独立模型应力比分析结果如图 2-56 ~ 图 2-58 所示。

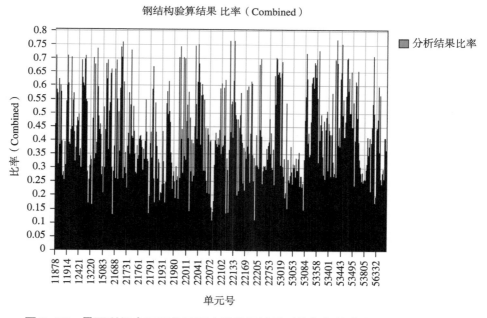

图 2-56　最不利组合工况作用下大悬挑区域弧形桁架杆件应力比

最大值为 0.768，个别几根杆件略大于 0.75，满足要求。

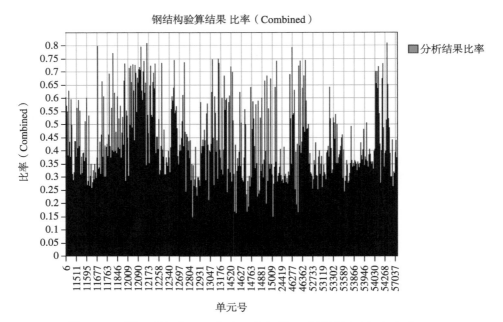

图 2-57　最不利组合工况作用下大悬挑区域楼屋面弦杆应力比

最大值为 0.809，满足要求。

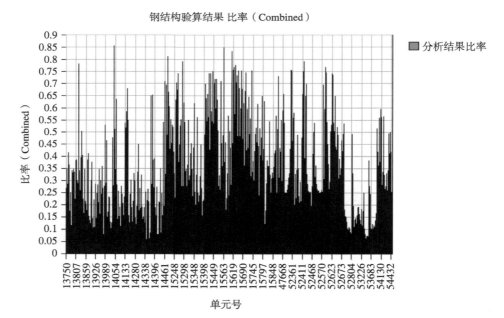

图 2-58　最不利组合工况作用下大悬挑区域楼屋面腹杆应力比

最大值为 0.857，满足要求。

3）倒转穹顶区域独立模型

倒转穹顶区域独立模型应力比分析结果如图 2-59 ~ 图 2-61 所示。

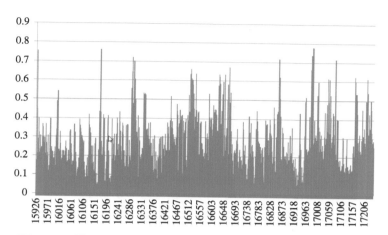

图 2-59 最不利组合工况作用下倒转穹顶铝合金网壳杆件应力比

最大值为 0.78，小于 0.8，满足要求。

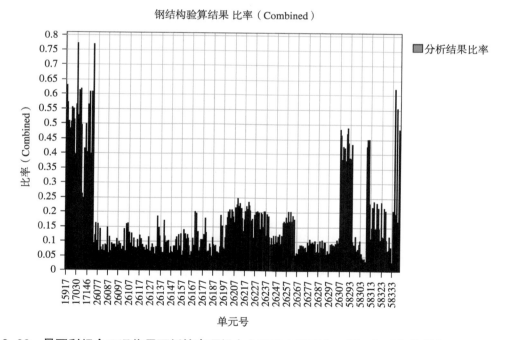

图 2-60 最不利组合工况作用下倒转穹顶铝合金网壳内钢平台、洞口加强钢构件杆件应力比

最大值为 0.772，小于 0.8，满足要求。

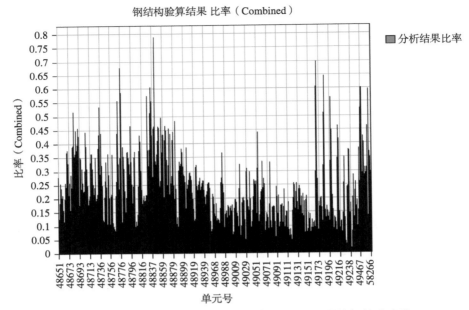

图 2-61　最不利组合工况作用下倒转穹顶区域旋转步道件杆件应力比

最大值为 0.787，小于 0.8，满足要求。

4）球幕影院独立模型

球幕影院静力分析时按两种情况考虑：一是球体与下部混凝土壳体之间为刚接连接，二是铰接连接。

（1）刚接模型，杆件应力比分析结果如图 2-62 和图 2-63 所示。

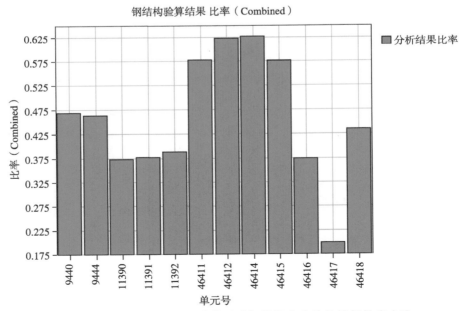

图 2-62　最不利组合工况作用下球幕影院与混凝土壳体连接杆件应力比

最大值为 0.627 < 0.7，满足要求。

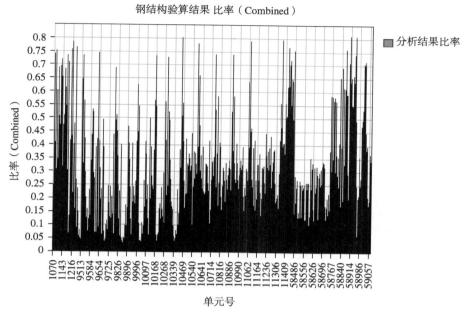

图 2-63　最不利组合工况作用下钢球体及其内部结构杆件应力比

最大值为 0.809，满足要求。

（2）铰接模型，杆件应力比分析结果如图 2-64 和图 2-65 所示。

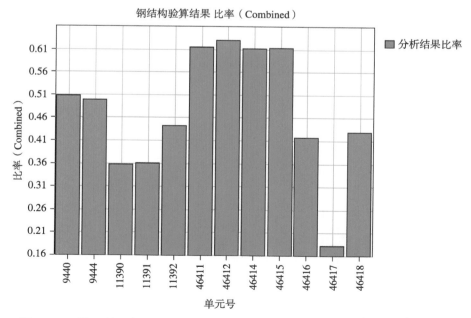

图 2-64　最不利组合工况作用下球幕影院与混凝土壳体连接杆件应力比

最大值为 0.63 < 0.7，满足要求。

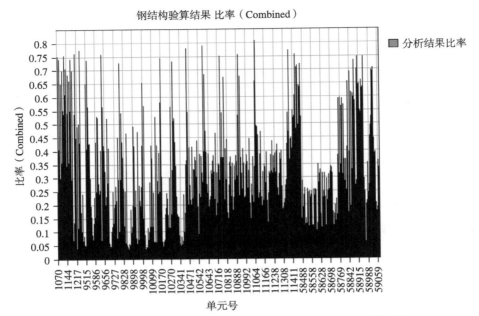

图 2-65 最不利组合工况作用下钢球体及其内部结构杆件应力比

最大值为 0.808，满足要求。

5）步道独立模型

步道（包括悬挂步道和球幕影院下方步道）独立模型杆件应力比分析结果如图 2-66 和图 2-67 所示。

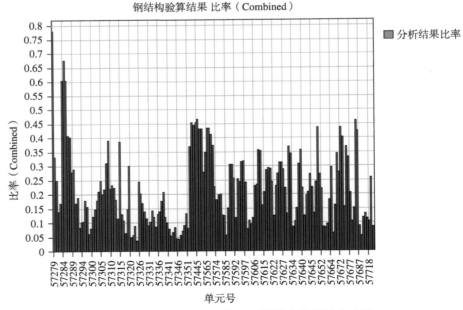

图 2-66 最不利组合工况作用下悬挂步道杆件应力比

最大值为 0.781，小于 0.8，满足要求。

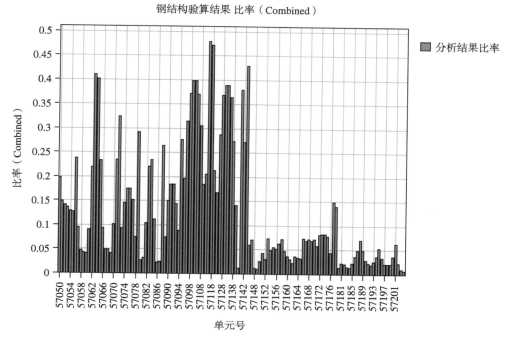

图 2-67　最不利组合工况作用下球幕影院下方一层到地下室步道杆件应力比
最大值为 0.479，小于 0.8，满足要求。

2.2.4　结构抗震性能分析

结构关键部位抗震性能目标见表 2-2。

表 2-2　结构关键部位抗震性能目标

部位	性能要求
球幕影院与混凝土壳体连接构造	性能 1（大震弹性）
大悬挑区域弧形桁架、倒转穹顶区域旋转步道、铝合金网壳、钢结构网壳、大悬挑区域楼屋面双向桁架、悬挂步道	性能 2（中震弹性、大震不屈服）
钢柱、钢支撑	性能 3（中震弹性）

2.2.4.1　大震弹性

球幕影院与混凝土壳体连接构造（图 2-68）需要满足大震弹性的性能目标。大震反应按大震弹性反应谱进行计算。

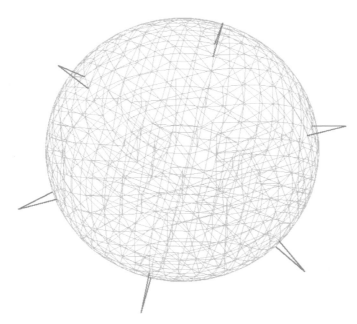

图 2-68　球体与混凝土壳体连接杆件

大震作用下球幕影院钢球体与混凝土壳体连接杆件应力比如图 2-69 所示。

大震下球体与混凝土壳体连接杆件应力比最大值为 0.692，能够满足大震弹性的性能目标。

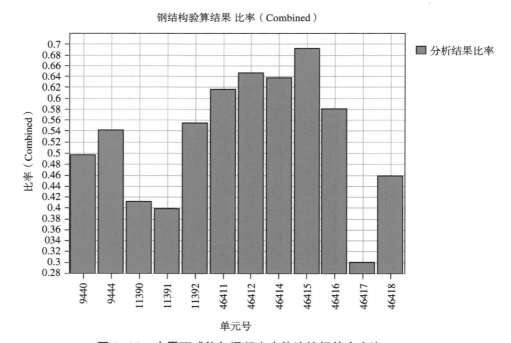

图 2-69　大震下球体与混凝土壳体连接杆件应力比

2.2.4.2　中震弹性、大震不屈服

大悬挑区域弧形桁架、大悬挑区域楼屋面双向桁架、倒转穹顶区域旋转步道、铝合金网壳、钢结构网壳需满足中震弹性和大震不屈服的性能目标，中震和大震反应分别按照小震反应谱和时程包络值乘以 3 和 6.25 的放大系数计算。

大震下（有分项系数）大悬挑区域弧形桁架最大应力比为 1.049（图 2-70），为大震弹性，因此能满足中震弹性和大震不屈服的性能要求。

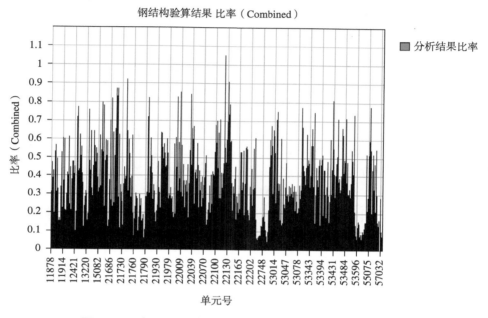

图 2-70　大震下大悬挑区域弧形桁架应力比

中震下大悬挑区域楼屋面双向桁架最大应力比为 0.921（图 2-71），满足中震弹性的性能要求；大震下（有分项系数组合）最大应力比为 1.207（图 2-72），除以分项系数，并考虑材料屈服强度，能够满足大震不屈服的性能要求。

大震下（有分项系数组合）倒转穹顶区域旋转步道最大应力比为 0.708（图 2-73），为大震弹性，因此自然能够满足大震不屈服的性能要求。

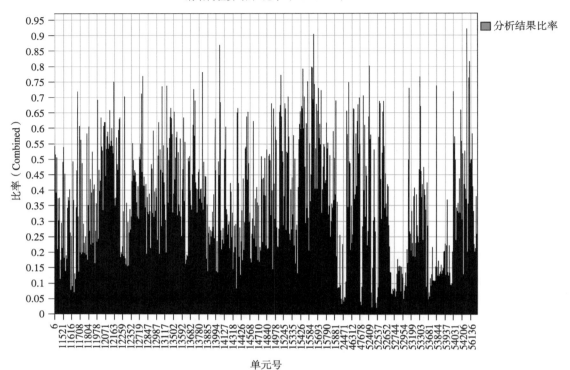

图 2-71　中震下大悬挑区域楼屋面双向桁架应力比

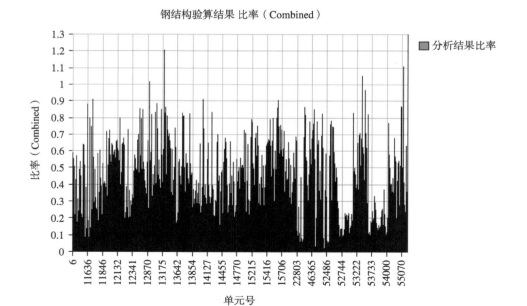

图 2-72　大震下（有分项系数组合）大悬挑区域楼屋面双向桁架应力比

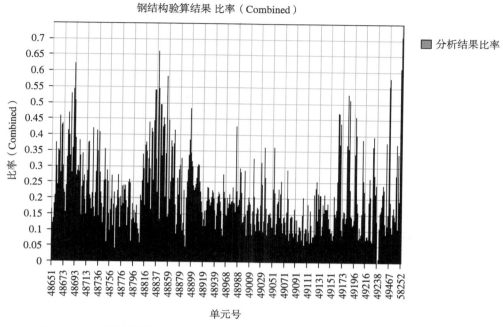

图 2-73　大震下（有分项系数组合）倒转穹顶区域旋转步道应力比

中震下倒转穹顶区域铝合金壳体最大杆件应力比为 0.911（图 2-74），满足中震弹性的性能要求；大震下最大杆件应力比为 1.22（图 2-75），除以分项系数，并考虑材料屈服强度，能够满足大震不屈服的性能要求。

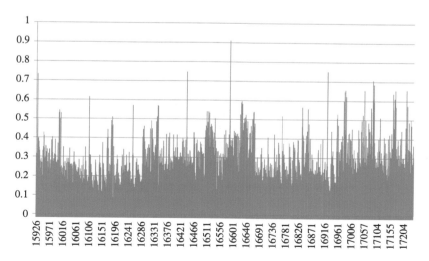

图 2-74　中震下倒转穹顶区域铝合金壳体杆件应力比

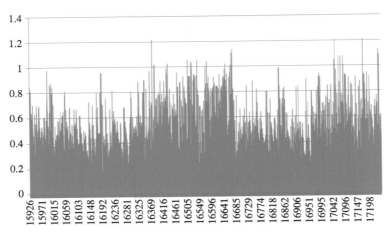

图 2-75　大震下（标准组合）倒转穹顶区域铝合金壳体杆件应力比

　　大震下（有分项系数组合）球幕影院区域钢球体杆件最大应力比为 0.896（图 2-76），为大震弹性，自然能够满足大震不屈服的性能要求。

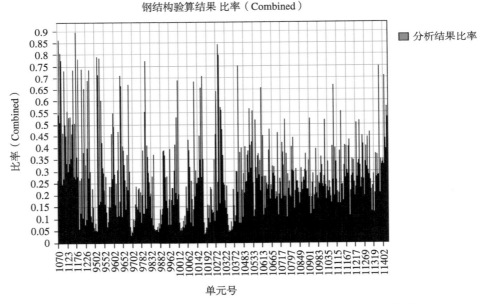

图 2-76　大震下（有分项系数组合）球幕影院区域钢球体杆件应力比

　　中震下悬挂步道及球幕影院下方一层到地下室步道最大杆件应力比为 0.783（图 2-77），满足中震弹性的性能要求；大震下（有分项系数组合）悬挂步道最大杆件应力比为 1.143（图 2-78），除以分项系数，并考虑材料屈服强度，能够满足大震不屈服的性能要求。

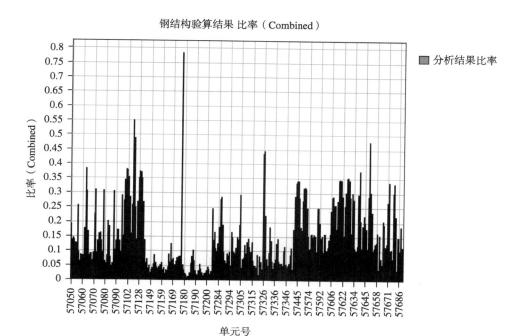

图 2-77　中震下悬挂步道及球幕影院下方一层到地下室步道杆件应力比

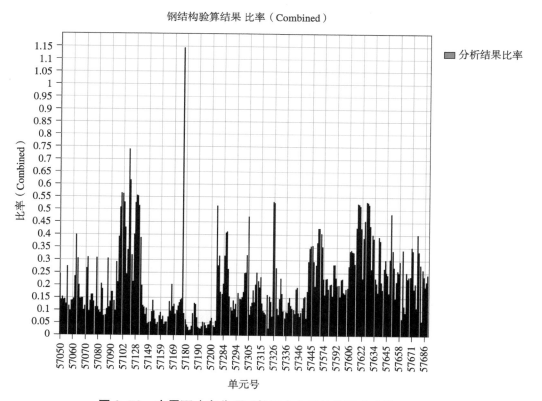

图 2-78　大震下（有分项系数组合）悬挂步道应力比

中震下钢立柱及斜撑最大杆件应力比为 1.075（图 2-79），满足中震弹性的性能要求。

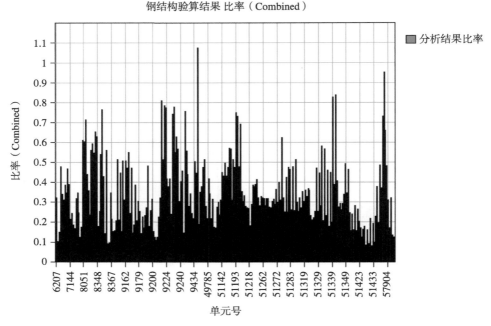

图 2-79　中震下钢柱及斜撑杆件应力比

2.3　结构舒适度控制技术研究

上海天文馆建筑存在 40m 长大悬挑、60m 大跨度、"悬浮"于混凝土壳体上方 29m 直径的球体、40m 直径倒转穹顶、少量点支撑的 200 多米长旋转步道等多处振动敏感部位，同时存在部分对振动要求较高的设备。为了满足人流舒适度和设备运行要求，需采用振动控制技术，控制结构竖向振动的周期和加速度，同时通过该技术优化结构体系，使结构尽可能轻巧，最大程度实现建筑创意。

2.3.1　结构振动控制研究现状

结构振动控制就是在结构的某些部位设置一些控制装置，在结构振动时，可以施加一组控制力或调整结构的动力特性从而减小或抑制结构在地震、强风及其他动力荷载作用下的动力反应，增强结构的动力稳定性，提高结构抵抗外界振动的能力，以满足结构安全性、适用性、舒适性的要求。

结构振动控制的方法很多，大致分为被动控制、主动控制、混合控制及半主动控制。

2.3.1.1　主动控制措施

主动控制就是通过施加外部的能量来抵消和消耗地震作用，控制力可以持续变化，从而有效地降低地震对结构的破坏。现在应用于高层结构中的主动控制系统主要有以下几种：

（1）主动质量阻尼器（active mass damper，AMD），它是将调谐质量阻尼器与电液伺服助动器连接，构成一个有源质量阻尼器，其质量运动所产生的主动控制力和惯性力都能有效地减小结构的振动反应。

（2）主动拉索控制装置，它是利用拉索分别连接伺服机构和结构的适当位置，伺服机构产生的控制力由拉索实施于结构上以减小结构的振动反应。

在实际工程中应用较多的主动控制装置是 AMD，世界上第一个在实际工程结构中安装 AMD 的建筑位于日本东京，是一个 11 层的钢框架结构，在顶部安装了两个 AMD 系统以减小它的振动幅度，建成后，进行了强迫振动试验，试验结果表明控制效果很好；1998 年我国兴建的南京电视塔高 340m，结构在设计风荷载作用下不能满足舒适度的要求，通过在观光平台上安装 AMD 装置有效地减小了观光平台在动力荷载作用下的反应，位移减小了 33.5%，加速度减小 39.5%，从而满足规范规定的舒适度要求。

主动控制效果较好，但需要从外部输入能量，加上主动控制装置十分复杂，需要经常维护，其经济因素和可靠性有待于接受更多的实践检验，无论从经济还是技术上来看，主动控制用于实际工程目前还存在较大困难。但随着科技的进步和实验手段的更新，主动控制在结构工程中的应用将得到进一步发展。

2.3.1.2　被动控制措施

被动控制用于实际的工程技术和设计理论趋于成熟。理论研究和实际经验已经相互证实，对不同的结构，如果能选择适当的被动控制装置及其相应的参数取值，往往可以使其控制效果与采用相应的主动控制效果等效。因此，目前采用被动控制作为主要手段是有效且可行的。

被动控制中具有代表性的装置有：耗能器（dissipaters）、被动拉索（passive tendo）、被动调频质量阻尼器（passive tuned mass damper，PTMD）、调频液体阻尼器（tuned liquid damper，TLD）等。

1）耗能器控制

高层建筑加入耗能器装置，可以降低结构在外界干扰下的敏感性，从而可以达到减小结构振动的目的。耗能器通常安装在主体结构两点间位移较大处，由于两点间的相对位移，耗能器往复运动，从而带动耗能器变形而耗散能量。耗能器还可以安装在互联结构或多结构联系体系中，利用结构之间或主体结构与附属结构之间的相对位移，使耗能器产生减振效果。耗能器的种类按照耗能方式的不同可分为以下几类。

（1）黏弹性耗能器。黏弹性耗能器同时具备弹簧和流体的性质，既有弹性又有黏性。在适度的变形能力范围内，可以恢复到它原来的形状，即有弹性性能；另外具有一定的抗剪能力，它不像弹簧那样储存能量，而是把能量转换成热能向四周扩散。而且黏弹性材料在一个方向受力变形以后，随着力的解除，它不像弹簧那样急促地左右伸缩，而是缓慢地恢复到无应力状态，由此可以减小结构的振动。

（2）黏滞阻尼器。黏滞流体阻尼器是利用其内部活塞前后压力使黏滞流体流过阻尼孔产生阻尼力，从而耗散能量。目前已经研制开发出的黏滞阻尼器主要有筒式流体阻尼器、黏性阻尼墙系统和液压黏滞阻尼器等。

（3）摩擦耗能支撑。摩擦耗能装置是可滑动而改变形状的机构。该装置在外部荷载作用下，其主要构件尚未屈服时装置滑移，以摩擦功耗能，并改变了结构的动力特性达到减振的目的。

2）调频质量阻尼器（TMD）控制

TMD 是最常用的一种被动控制系统。它是在结构中加上惯性质量，并配以弹簧和阻尼器与主结构相连，应用共振原理，对结构的某一振型或某几个振型动力响应加以控制。提高系统的控制效果，主要是通过调整 TMD 系统与主体结构控制振型的质量比、频率比和阻尼器的阻尼等参数，使系统吸收更多的振动能量，从而大大减轻主体结构的振动响应。

TMD 系统设计的关键是将其自振频率调整到被控结构的自振频率上，只有这样才能真正地使 TMD 发挥最大的吸能消振作用，可是实际工程中要满足这个条件十分不易，这也是 TMD 系统的主要缺点。

3）调频液体阻尼器（TLD）控制

TLD 的作用机理与 TMD 有相似之处，同样采用共振原理，依靠液体的振荡来吸收和消耗主结构的振动能量，减小结构的动力反应。TLD 对建筑物的减振作用近几年才被认识到，研究远不及 TMD 深入，但 TLD 具备了 TMD 所不具备的优点：TLD 构造简单，易于安装，造价低；自动激活性能好，在很小的反应下就能产生作用；减振频带宽；在剧烈振动后 TLD 储液箱中的自由液面破碎后可再生成，而 TMD 的弹性破坏后就不可挽回。

2.3.2　TMD 振动控制的研究现状

2.3.2.1　TMD 振动控制的发展历程

TMD 应用于结构振动控制的现代思想的最早来源是 1909 年 Frahm 研究的动力吸振器。Den Hartog（1928）最早研究了主结构中没有阻尼时的无阻尼和有阻尼力吸振器理论，他们提出了吸振器的基本原理及确定参数的方法。Snowdon（1960）研究了固体吸振器减小主结构响应的性能，表明采用刚度与频率成正比和采用恒定阻尼材料的动力吸振器能显著减小主结构的共振响应，其性能要优于弹簧—阻尼筒型吸振器，从而改进了动力吸振器的性能。Srinivasan（1969）分析了平行阻尼动力吸振器，即一个辅助无阻尼质量平行安装于一个吸振器上。在这种情况下，当阻尼频率被精确调谐到激励频率时，主结构将保持静止，但消除带变小了。Snowdon（1974）研究了其他形式的吸振器，如三单元吸振器，对这种吸振器的研究表明如果第三单元（即辅助弹簧）与阻尼器串联，吸振效果可以达到 15%~30%，但这种形式的吸振器对频率非常敏感。之后 Ioi 和 Ikeda（1978）提出了作用于主结构为小阻尼吸振器其参数修正因子的经验公式。Randall 等（1981）提出了考虑主结构阻尼影响的吸振器相关参数的设计图表，可供后来的研究和设计人员参考。

上面所述是一些早期关于动力吸振器的研究，局限于动力吸振器在工作频率与基本频率相协调的机械工程系统中的应用。而通常情况下建筑结构所受到的荷载作用时具有许多频率分量，TMD 在复杂多自由度结构和有阻尼的建筑结构中的性能是不同的。在过去 20 多年中，研究学者们开始定位于研究 TMD 在这种振动环境中的控制振动的效果。日本的法隆寺五重塔是 7 世纪和 8 世纪建成的，历经千年，但是这些年来的多次地震该塔仍安然无恙，各著名学者对其纷纷给予解说，至今尚未完全给予说明其具有较好抗震性能的原因。但是大部分学者都认为其结构形式与 TMD 的减振原理很相似，是其经历数次地震仍然保持原样的根本原因。后来各国的研究工作者在被动 TMD 减振控制的理论和应用方面都做了大量的研究，在一段时间里国内外掀起了采用 TMD 进行结构振动控制的研究热潮。

根据文献，TMD 的演化可以分为以下三个阶段。

第一个阶段主要是对单个 TMD 系统的研究。决定 TMD 的设计参数是设计者首先面临的问题。研究多集中于 TMD 最优控制参数和对结构控制效果的理论研究。为使主结构能量耗散越大、TMD 的控制效果达到最佳，重要的是把 TMD 自身的频率调至结构固有振动频率附近，并且 TMD 选用适当的阻尼。Den Hartog 建立了无阻尼系统 TMD 最优参数原则并导出了无阻尼系统 TMD 的最优参数表达式，对于有阻尼结构则情况比较复杂，没有闭合的公式，通常可以利用数值分析法确定 TMD 的最优参数的近似表达式。Tsai 和 Lin 给出了单自由度结构在简谐支承激励下 TMD 的最优参数并进一步提供了计算 TMD 最优参数的回归分析公式。Thompson 和 Warburton 分别以图表形式给出了 TMD 适用于主结构受简谐激动情况下的最优控制参数。Arfiadi 和 Hadi 基于主动控制理论提出了不指定受控振型的 TMD 的参数优化准则。TMD 的最优参数也可以采用遗传算法来搜寻，其搜优的值非常接近于 Den Hartog 参数优化方法得出的值。

虽然 TMD 控制结构某特定振型反应是相当有效的，但 TMD 的减振也存在缺点，结构所受的外激振力频带非常窄时 TMD 的减振效果很好，而当外敷振力频带较宽时，减振效果就会不明显，即 TMD 的有效性对结构自振频率的波动很敏感，一旦偏离 TMD 的最优参数，TMD 的有效性会很快下降。有文献提出了 TMD 参数有效域的概念，采用此法进行设计可以提高系统设计的可靠性，有效解决上述问题。基于 TMD 用于结构振动控制时具有有效频带较窄、控制效果不稳定的缺点，后来研究者提出了用多个调谐质量阻尼器（MTMD）通过并联形式与主结构相连的方法来进行减振控制以改善单个 TMD 的有效性和鲁棒性。

第二个阶段是对多重调谐质量阻尼器（multiple tuned mass dampers，MTMD）的研究。1988 年，Clark 提出了 MTMD 的新思想及其参数优化方法。为改善 TMD 的有效性和鲁棒性，Xu 和 Igusa 又进一步提出了具有多个不同动力特性频率呈浅性分布的 MTMD 新思想。此后众多学者纷纷开始了对 MTMD 的理论和应用研究。武定一等采用 MTMD 对人行天桥进行了人致振动控制研究，得出了采用 MTMD 比使用单个 TMD 对天桥的控制效果要好，并且还得出了采用 5 个 TMD 对天桥进行人致振动控制可以达到最优控制效果。

第三个阶段是关于 TMD 概念的扩展，目前这方面的研究尚处在起步阶段。如有文献进行了一种新型减震结构系统的试验研究，将顶层楼梯间与主结构（也就是房屋主体结构）通过叠层橡胶支座连接，形成一个大型的悬浮于顶层的 TMD 减振系统。研究结果表明，只要对这种新型的减震结构系统的吸震体进行适当的参数选择，可以使主结构顶层的加速度响应减少 25% 以上。还有文献提出了把结构内部质量体作为减振质量的扩展质量新概念，此时不需要增加额外质量，减轻了系统承载负担，其优点是调谐质量与平台的剩余质量之比可达 200% 以上，是普通 TMD 系统的几十倍，因此在适当的时候减振效果会更好。此外，还有 Pallazzo 和 Petti 提出了将基底隔震结构和 TMD 系统合二为一的新设想。

2.3.2.2　TMD 控制大跨度结构振动的研究现状

TMD 具有很好的调谐减振效果，其对大跨度结构的振动响应同样有很好的控制效果。国内学者进行了大量研究，肖艳平利用 MATLAB 计算机语言程序研究了采用 TMD 控制桥梁在车辆作用下的竖向振动问题，主要得出了 TMD 参数优化的一些有益结论；我国铁道科学研究院研究了采用 MTMD 控制铁路桥梁（郑州黄河桥）的行车振动；钱晓斌对人行走作用下的结构振动响应问题进行了研究，得出了可方便计算简支结构、连续结构和 H 型结构城市人行天桥的振动响应的响应谱方法，并用蒙特卡罗方法对人群作用下的结构振动问题进行了研究。此外我国学者也对使用 TMD 控制人行天桥振动方面进行了积极研究，对城市中大量出现的大跨度钢结构人行天桥采用 TMD 来控制其振动响应。

2.3.3　人行荷载的研究现状

行人作为荷载对结构的影响主要取决于行人的活动类型和活动类型的强度，而在实际结构中出现的人群可简单地分为静态人群和动态人群两类。静态人群指人群中的每个人都处于站立或坐立等静止状态；动态人群指人群处于不同的（如行走、跳、跑等）活动状态之中。

2.3.3.1　静态人群对结构影响的研究

通常情况下结构设计均不直接考虑人群的动力作用，把人群作用的动力效应经验性地等效为均布静荷载，我国的规范考虑动力效应只是采用简化为附加质量的模型，人群的这种附加质量的模型使结构的自振频率降低，而其他的模态性质都不受影响，而大量的实测研究表明结构的阻尼比也发生了很大的改变，而附加质量模型并不能体现阻尼比的变化，所以应该将静态人群模拟为质量–弹簧–阻尼系统会更加合理。

2.3.3.2　动态人群对结构影响的研究

动态人群指人群处于行走、跳、跑等活动状态之中，Jacobs 首先研究了人走动引起楼板的竖向振动响应，得出了人走动时所产生的激励力；有文献指出，动态人群对结构的影响只相当于动荷载，不会改变结构的模态性质，也不会改变结构的阻尼比；Matsumoto 做了大量的落步实验，通过对试验的数据和资料的统计分析得出了人行走的平均步频值为 1.9Hz，标准差为 0.2Hz；Ellingwood 在假设人行走时左右脚的单步作用力曲线相同的前提下，提出了根据单步落足曲线构造人行激励力时程曲线的方法。除了在时域内考虑动态人群荷载的特点外，也有学者着手研究了人群荷载的功率谱函数，主要是 Ohlsson 的学术梯队进行了一些研究，在此项研究过程中，主要是利用人行荷载的自谱密度（ASD）作为人行荷载的瞬态信号输入来进行分析，但目前这方面还研究不多。

2.3.3.3　人行荷载激励模型的研究

行走时行人对结构会产生竖向作用力、横向作用力以及扭转作用力，而人在行走过程中的落步特性则是研究人行荷载激励模型的基础。有研究通过对拍摄记录下来的人行走的录像的研究和整理，发现了人在行走过程中每条腿的凌空时间、落地时间和左右腿之间的相互交替关系，当一个脚落地时，该脚与地面之间的相互作用会阻止人体向前运动，当人体继续向前运动时，该脚与地面之间的相互作用，将增大向前运动的作用力，促使身体向前运动，直至此脚离开地面，这样就完成了一个单步荷载激励周期；Tuan 和 Saul 通过考虑人的步频、体重和荷载的随机性等因素，对单人在不同的运动形式下产生的力做了大量的试验，多人同时作用时还要考虑人群动荷载降低系数，根据试验收集的数据和资料进行了统计和总结，得出了步频与行人的行走速度和单步落足时间周期之间的关系；Mahmoud 对两个不同体重的人的运动做了实测试验，并且分析了两人在不同的行走步态下的活动行为，根据仪器测试其对地面的作用力，分别得出了两人的单步落足曲线，并分别对应给出了跳跃、慢速行走、正常步速走和快速行走下的单步落足曲线对比图；Allen 等研究了人行荷载的确定性模型，给出了竖向荷载确定性模型的具体表达式，并给出了人行走激励与不同谐波相对应的不同动载因子（dynamic load factor，DLF）；Ebrahimpour 等则对人群在行走时的动载因子进行了研究，得出了人群行走时步频、人群人数和动载因子之间的关系；Bachmann H. 等研究了行人作用下的侧向荷载，分析了行人侧向荷载的形成原因和基本特点，并给出了侧向荷载确定性模型的具体表达式；加拿大的钢结构建筑设计规范（CAN/CSA-S 16.1-94）分别对行人在各种不同运动形式下的步幅、步速和步频进行了统计和分析，列出了相应的数据表格；关于频域内人行荷载的特性，只有 Ohlsson 的学术梯队对其做了少量的研究。

2.3.4 人致振动舒适度评价方法

为保证行人激励下结构的舒适度要求，现行的各国规范在结构设计时主要通过两种方法来控制人行桥振动舒适度：避开敏感频率法和限制动力响应值法。

避开敏感频率法主要是指通过回避敏感频段范围内的频率来满足桥梁振动允许值的要求。该方法主要是基于行人正常行走的一阶步频落在 1.3 ~ 2.5Hz，其二阶步频落在 2.8 ~ 4.8Hz，而侧向的一阶步频落在 0.8 ~ 1.2Hz，侧向的二阶步频落在 1.6 ~ 2.4Hz。为避免出现行人与天桥发生共振现象，对人行桥结构的自振频率进行了限制。日本道路协会（Japan Road Association，JAR）仅要求天桥的竖向自振频率不应该落在 1.5 ~ 2.3Hz 范围内；瑞士规范 SIA160（1989）建议避免使人行桥的竖向振动固有频率落在 1.6 ~ 2.4Hz 和 3.5 ~ 4.8Hz 范围内；欧洲国际混凝土委员会规范 CEB（1993）也有和瑞士规范同样的规定；英国规范 BSI（1975）、欧盟的 Euro Code 及加拿大安大略省 OHBDE（1991）等规范规定桥梁竖向第一阶自振频率超过 5Hz 时结构的振动舒适度能自然得以满足，无须验算结构的最大振动响应问题；瑞典国家规范 Bro 20041 则规定桥梁的竖向第一阶自振频率超过 3.5Hz 时舒适性才可自然得以满足。而我国的《高层建筑混凝土结构技术规程》（JGJ 3—2010）以及人行天桥相关规范规定的第一阶竖向自振频率应不小于 3Hz，也属于避开敏感频率法的范畴。此外欧盟 Euro Code 规范对于结构的侧向固有频率也做了规定，要求侧向第一阶自振频率超过 2.5Hz 才无须验算结构的侧向振动响应。

一般情况下，避开敏感频率法是比较简单实用的，但是试验研究表明，一些人行桥的固有频率即使落入了规范建议的不允许频率范围内，其振动响应仍然可能是可接受的，因此，避开敏感频段法可能偏于保守。而国外的设计规范也已逐渐从避开敏感频率向限制动力响应值的评价方法改进。

限制动力响应值法是指当桥梁结构的固有频率不能避开规范要求的频率范围时，需通过计算结构的最大振动响应来评估其振动使用舒适度的方法。欧盟桥梁规范 Euro Code、国际标准组织 ISO、英国 BS5400、瑞典国家规范 Bro 2004 四种规范都建议采用限制动力响应值法进行人行桥舒适度评价。限制动力响应值法中关键是如何确定人行荷载标准和如何选择舒适性指标的标准，有文献建议在使用限制动力响应值法时，要忽略人在桥上的跑、跳和静止不动等极端情况，而按照正常的步行情况来确定人行荷载标准和人体舒适度指标。下面将结合上面四种规范表述其各自采用的人行荷载标准以及相对应的舒适度指标标准。

2.3.4.1 人致振动舒适度评价指标

人对振动反应的评价指标是建立在大量实验室试验和现场实验的研究基础上的，一般情况下最为常用的是采用加速度指标 a_k 作为判断依据，根据 a_k 来确定人对环境振动的感受，即

$$a_k \in [\overline{a_k}] \tag{2-1}$$

式中：$[\overline{a_k}]$ 是对应于不同振感的振动加速度指标取值范围，是由大量实验提供的。

通常在实际中加速度指标也有很多种形式，常见的有均方根加速度 a_{RMS}（也称加速度有效值）、峰值加速度 a_{lim}、振动剂量 VDV。峰值加速度即加速度的最大值，而均方根加速度 a_{RMS} 定义为

$$a_{RMS} = \sqrt{\frac{1}{T} \int_0^T a_w^2(t)\mathrm{d}t} \tag{2-2}$$

振动剂量 VDV 定义为

$$VDV = 4\sqrt{\int_0^T a_w^2(t)\mathrm{d}t} \tag{2-3}$$

式中：$a_w(t)$ 为经过频率计权后的振动信号加速度；T 为振动持续时间（s）。国际标准化组织 ISO 和美国的标准采用均方根加速度 a_{RMS} 作为主要的评价指标，而英国 BSI 建筑标准则采用振动剂量 VDV 作为评价指标。在实践中除加速度指标之外，也有其他指标，例如德国建筑标准采用了 K 值和 KB 值作为评价指标，而日本和中国的建筑标准则采用分贝作为评价指标。采用 K 值评价指标可以判别人体对结构物振动具有良好的感觉限界，表 2-3 和表 2-4 列出了 K 值的计算公式及评定标准。

表 2-3 K 值的计算公式

振动方向	计算公式
竖向振动	$f < 5\mathrm{Hz}$，$K = Df^2$ $5\mathrm{Hz} \leqslant f \leqslant 40\mathrm{Hz}$，$K = Df$ $f > 40\mathrm{Hz}$，$K = 200D$
侧向震动	$f < 2\mathrm{Hz}$，$K = 2Df^2$ $2\mathrm{Hz} \leqslant f \leqslant 25\mathrm{Hz}$，$K = 4Df$ $f > 25\mathrm{Hz}$，$K = 100D$

注：f 为激励频率；D 为结构振动峰值（mm），即梁体振动相对位移的时程函数最大值。

表 2-4 *K* 值的评定标准

K	人体对振动敏感度区域	
0.1	能轻微感受到振动的下限	
0.1～1.0	能忍受任意长时间的振动	
1.0～10	仅能忍受短期的振动	
10～100	短期振动下会感到疲劳	
100	人对振动感受到过分疲劳的上限	

目前关于行人对结构的振动响应评价指标主要有两类：峰值加速度和均方根加速度。建筑或铁路列车中采用加速度响应逐级递增的舒适度评价指标，人行桥采用峰值加速度和均方根加速度的上限值作为行人舒适度评价指标。

2.3.4.2 国外规范中人致振动舒适度评价标准

1）英国规范 BS5400

英国规范 BS5400（1978）是最早提出如何进行人行桥振动分析的规范之一。该规范规定，无活载状态下，当人行天桥竖向基本自振频率 $f > 5\text{Hz}$ 时，自然可以满足桥梁结构的振动使用性要求，当 $f < 5\text{Hz}$ 时，需要验算行人荷载作用下此人行桥结构的最大振动响应是否满足舒适度标准。

（1）行人荷载模型标准。英国规范 BS5400 是假设行人荷载为一个沿着桥梁纵向以 $v_t = 0.9f_0$（m/s）匀速作用在桥梁结构上的动荷载，规定了单个人行竖向荷载 $F_p(t)$（N）为

$$F_p(t) = \begin{cases} 180\sin(2\pi f_0 t) & f_0 < 4\text{Hz} \\ [1 - 0.3(f_0 - 4)] \times 180\sin(2\pi f_0 t) & 4\text{Hz} < f_0 \leqslant 5\text{Hz} \end{cases} \qquad (2-4)$$

式中，假定人行步幅为 0.9m，分析中偏安全地将行人步频 f_0 取无活载时的桥梁竖弯基频 f，没有考虑人群荷载的影响。式（2-4）中的系数 180 是由人的体重（700N）乘以动载因子 0.257 得到的。加拿大规范 OHBDC（1991）也采用了类似的方法。

（2）舒适度指标标准。英国规范 BS5400 采用结构振动响应的峰值加速度作为人行桥的舒适度评价指标。英国规范 BS5400 中满足振动舒适度的加速度峰值上限指标是按下式计算得到的

$$a_{lim} = 0.5\sqrt{f_v} \qquad (2-5)$$

该式是由人体运动测试实验得出的，式中 f_v 为结构的竖向基频。通过人行荷载模型求出桥梁结构的峰值加速度响应值，将其与计算出的人体舒适度指标值进行比较可以评估人行桥的舒适度性能。

2）瑞典规范 Bro 2004

瑞典规范 Bro 2004 为瑞典国家道路管理部门颁布实施的用于桥梁设计施工的通用技术规范，该规范规定人行桥的第一阶竖向自振频率须大于 3.5Hz，否则需要验算人行天桥最大振动响应是否满足舒适度标准。

（1）行人荷载模型标准。瑞典规范 Bro 2004 将人行荷载假定为一个固定的脉冲正弦荷载，其表达式为

$$F_p\left(t\right)=k_1 k_2 \sin\left(2\pi f_p t\right)\ \left(N\right) \tag{2-6}$$

式中：$k_1=\sqrt{0.1BL}$；B 为桥面宽度；L 为人行桥净跨径；$k_2=150N$；f_p 为行人荷载的频率。实际上式（2-6）中系数 k_1 考虑了人行桥上的人数，人群密度取 0.1 人 $/m^2$，平方根考虑了人群步伐不一致的影响。

（2）舒适度指标标准。瑞典规范 Bro 2004 采用均方根加速度 a_{RMS} 作为人行桥的舒适性评价指标。按照该规范，在人行荷载激励下人行桥产生的竖向均方根加速度（加速度有效值）$a_{RMS} \leqslant 0.5m/s^2$ 时，人行天桥满足振动舒适性要求。

3）欧盟规范 Euro Code

欧盟规范 Euro Code 是欧盟的结构设计基本规范，关于人行桥的舒适性方面，该规范做了如下规定：无活载状态下的结构竖向基本固有频率 $f > 5Hz$、横向基本固有频率 $f < 2.5Hz$ 时，人行桥的结构振动舒适性要求自然能得到满足，否则需要进行相应的验算。

欧盟规范 Euro Code 只是简要说明了当行人激励荷载频率与桥梁结构的某阶自振频率一致时，容易发生人桥共振现象，此时必须要确认桥梁的振动响应，但是并没有对行人激励荷载模型做详细规定，具体可以由设计者自行把握。

但是，欧盟规范 Euro Code 对人行桥的舒适度评价标准做了全面的规定，既有竖向振动又有侧向振动方面的评价标准。该规范和英国规范 BS5400 一样使用结构振动响应的峰值加速度作为人行桥的舒适度评价指标。该规范规定在行人荷载作用下，人行桥的竖向振动加速度和侧向振动加速度的容许限值应符合表 2-5 的规定。

表 2-5　欧盟规范 Euro Code 舒适度指标

天桥振动方式	峰值加速度 /（m/s^2）
竖向振动	0.7
一般情况时的侧向振动	0.2
人群荷载满布下的侧向振动	0.4

4）国际标准化组织 ISO 规范

国际标准化组织 ISO 规范要求设计者分别分析人行桥结构在单个行人或人群激励下

的加速度响应，将求出的加速度响应与规范中的振动舒适度曲线进行比较，从而判别结构的振动舒适性是否能够达到要求。

（1）单个行人的荷载标准。根据国际标准化组织 ISO 规范第 10 137 条，单个行人荷载模式也是采用周期性荷载模式，单个行人自重取为 750N，竖向荷载的第一阶谐波因子 a_{1v} 取为 0.4，侧向荷载的第一阶谐波因子 a_{1h} 取 0.1。

单个行人的竖向荷载模型为

$$F_{pv}(t) = 0.4 \times 750 \sin(2\pi f_{p,v}t) \ (\text{N}) \tag{2-7}$$

单个行人的侧向荷载模型为

$$F_{ph}(t) = 0.1 \times 750 \sin(2\pi f_{p,h}t) \ (\text{N}) \tag{2-8}$$

式中：$f_{p,v}$、$f_{p,h}$ 分别代表行人的竖向步频和侧向步频，规范中偏安全地取用人行天桥的一阶竖弯自振频率和一阶侧弯自振频率。

国际标准化组织 ISO 规范第 10137 条规定，求解单个行人荷载激励下人行桥的振动响应时，单个行人荷载将作为集中荷载作用在容易引起最大响应的位置处。

（2）人群的荷载标准。国际标准化组织 ISO 规范对人群荷载也做了相应规定，它和瑞典国家规范一样也是以人群密度来考虑人数 N。考虑到桥上人群以非一致性步伐行走时，行人引起的部分振动效应会相互抵消，因此规范通过非一致调整系数 $C(N)$ 来考虑步伐非一致对振动响应的影响，调整系数为

$$C(N) = \sqrt{N}/N \tag{2-9}$$

式中：N 为人群数量，实质上该规范中采用的非一致调整系数与 Matsumoto 所提出的人群的影响倍增因子一致，人数 N 可以由下式得出

$$N = BLS \tag{2-10}$$

式中：B 为人行桥的宽度；L 为人行桥计算跨径；S 为人群密度，其在 $0.1 \sim 0.5$ 人 $/\text{m}^2$ 范围内取值。

人群作用的竖向荷载模型为

$$F_{pv}(t) = \begin{cases} \sqrt{N}\,0.4 \times 750 \sin(2\pi f_{p,v}t) \ (\text{N}) \\ v = 0.75 f_{p,v} \end{cases} \tag{2-11}$$

人群作用的侧向荷载模型为

$$F_{ph}(t) = \begin{cases} \sqrt{N}\,0.1 \times 750 \sin(2\pi f_{p,h}t) \ (\text{N}) \\ v = 0.75 f_{p,v} \end{cases} \tag{2-12}$$

因此，国际标准化组织 ISO 规范采用式（2-11）和式（2-12）作为人群作用的竖向和侧向荷载模型，假定人的步幅为 0.75m，而荷载是以 $0.75 f_{p,v}$（m/s）的速度在天桥上移动的。

（3）舒适度指标标准。国际标准化组织 ISO 规范在综合大量有关人体振动的研究工作和参考大量学术文献的基础上制定出了振动舒适度的国际通用标准，是以频率和振动

均方根加速度的关系曲线为基础的。国际标准化组织 ISO 规范第 2631 条制定出如图 2-80 所示的舒适度基准曲线，将基准曲线乘以一定倍数以后得到各振动状况下的舒适度容许限值。该规范的舒适度指标标准考虑的主要包括加速度有效值、振动频率、振动方向和受振持续时间四个影响因素。

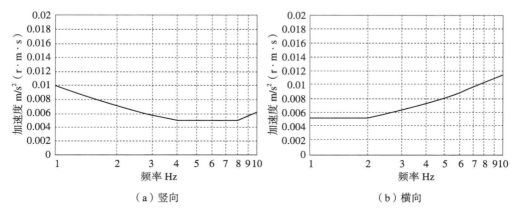

（a）竖向　　　　　　　　　　　　　　　（b）横向

图 2-80　国际标准化组织 ISO 规范中振动舒适度基准曲线

如图 2-81 所示，国际标准化组织 ISO 规范第 10137 条还给出了运动过程的行人满足振动舒适度的临界曲线，它是以图 2-80 的曲线为基准乘以 60 倍的放大系数获得的，当结构的振动加速度有效值在图中实线以下时则认为该结构满足行人舒适度的要求。但是该规范指出行人静止于人行桥上时，其舒适度的临界指标值要适当降低到行人运动中舒适度指标值的一半。

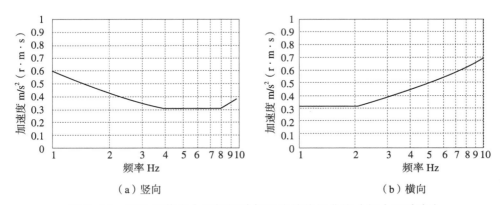

（a）竖向　　　　　　　　　　　　　　　（b）横向

图 2-81　ISO 规范中人行桥振动舒适度的临界曲线（行人运动中）

5）各规范的行人荷载标准和舒适度指标标准比较

（1）行人荷载标准的比较。通过对英国规范 BS5400、瑞典规范 Bro 2004 及国际标准化组织 ISO 规范中的行人荷载标准进行比较，可以发现以下几点差异：

① 各规范的荷载模型不相同：英国规范 BS5400 只考虑了单人激励下的竖向荷载模型；

瑞典规范 Bro 2004 只考虑了人群非一致步伐激励下的竖向荷载模型，没有考虑侧向荷载模型；而国际标准化组织 ISO 规范的荷载模型则考虑全面一些，既有单人荷载模型和人群荷载模型，又有横向荷载模型和竖向荷载模型，同时也考虑了人群的非一致步伐情况，因此国际标准化组织 ISO 规范中的行人荷载模型是较为全面的。

② 各规范的荷载谐波的动载因子取值不相同：虽然两种规范的行人荷载模型均是以傅里叶级数来表示，但是英国规范 BS5400 和瑞典规范 Bro 2004 中竖向荷载动载因子的取值分别是 0.256 和 0.2，而国际标准化组织 ISO 规范竖向荷载动载因子为 0.4，侧向荷载动载因子均为 0.1；但是各规范能够达到一致的是所有荷载的谐波相位角均为 0。

③ 在分析结构振动响应时各规范采用的荷载作用方式不同：英国规范 BS5400 采用简谐荷载沿桥梁纵向移动；瑞典规范 Bro 2004 人群荷载采用固定简谐荷载作用在引起结构最大响应的位置；而国际标准化组织 ISO 规范中单人荷载采用固定简谐荷载作用在引起结构最大响应的位置，人群荷载的作用方式和 BS5400 规范一致，采用简谐荷载沿桥梁纵向移动。

④ 各规范对单个行人的重量、人群密度和行人步距的取值有所不同：英国规范 BS5400 对单人重量的取值为 700N，而国际标准化组织 ISO 规范对单人重量的取值为 750N；瑞典规范 Bro 2004 中人群密度的取值为 0.1 人 /m^2，而国际标准化组织 ISO 规范中人群密度的取值范围为 0.1 ~ 0.15 人 /m^2；英国规范 BS5400 取步距 0.9m，而国际标准化组织 ISO 规范取步距为 0.75m。

（2）舒适度指标标准的比较。表 2–6 为上述四种规范规定的人行桥舒适度指标标准的比较情况，英国规范 BS5400 和欧盟规范 Euro Code 采用峰值加速度指标标准，而国际标准化组织 ISO10137 和瑞典规范 Bro 2004 则采用均方根加速度指标标准，而国际标准化组织 ISO 第 10137 条和瑞典规范 Bro 2004 中的有效加速度（即均方根加速度）与峰值加速度之间近似成倍数关系。从比较结果可以看出，四个规范规定的加速度指标标准均比较接近，另外只有国际标准化组织 ISO 规定了静止行人的舒适度指标值，并明确其应降为行人运动中舒适度指标值的一半。

表 2–6　各规范之间的加速度指标标准比较

规范类型	竖向加速度	水平加速度
英国规范 BS5400	$a_{max} \leqslant 0.5 \sqrt{f}^2 \, \text{m/s}^2$	无要求
瑞典规范 Bro 2004	$a_{rms} \leqslant 0.5 \text{m/s}^2$	无要求
欧盟规范 Euro Code	$a_{max} \leqslant 0.7 \text{m/s}^2$	$a_{max} \leqslant 0.2 \text{m/s}^2$
国际标准组织 ISO 规范	图 2–81（a）曲线	图 2–81（b）曲线

根据以上对于国内外关于人行荷载模型以及大跨度结构的竖向和侧向振动舒适度评价的已有研究成果，并对国外的几个规范关于人行荷载标准的选取和振动舒适度评价指标标准进行了比较，得出了各规范在人行荷载标准的选取上还存在很大的差异，没有统一的定论，而舒适度评价指标标准相对来说比较接近。

2.4　天文馆结构关键部位舒适度计算

上海天文馆中存在多处大跨度区域，其竖向振动频率在 2～3Hz，按照我国规范《高层建筑混凝土结构技术规程》第 3.7.7 条，楼盖结构应具有适宜的舒适度，楼盖结构的竖向振动频率不宜小于 3Hz，竖向振动加速度峰值按照 0.15m/s² 进行限制。

为了分析与预测楼面在行人通过时的振动特性，需要对楼板在行人激励下的响应进行数值仿真。垂直方向的人行激励时程曲线采用 ISO 10137：2007 连续步行的荷载模式，这一荷载模式考虑了步行力幅值随步频增大而增大的特点，计算公式为

$$Fv(t) = P\left[1 + \sum_{i=1}^{3}\alpha_i\sin(2\pi i f_s t - \varphi_i)\right] \tag{2-13}$$

式中：$Fv(t)$ 为垂直方向的步行激励力；P 为体重；α_i 为第 i 阶谐波分量的动力系数，$\alpha_i = 0.4 + 0.25(f_s - 2)$，$\alpha_2 = \alpha_3 = 0.1$；$f_s$ 为步行频率；t 为时间；φ_i 为第 i 阶谐波分量的相位角，$\varphi_1 = 0$，$\varphi_2 = \varphi_3 = \pi/2$。

假设单人质量 70kg，当行进频率为 2.0Hz 时，则单人垂直方向的步行激励荷载如图 2-82 所示。

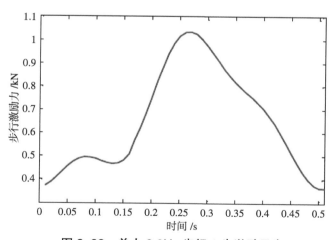

图 2-82　单人 2.0Hz 步行 1 步激励示意

参考国内外的研究成果，对步行载荷所做的进一步假设如下：

（1）楼面上人员的密度为 1.0 人 /m²。

（2）楼面上行人和某阶固有频率同步的人数为：$n' = 1.85\sqrt{n}$，n 为楼面上人数。

大悬挑区域结构主要固有频率见表 2-7。

大悬挑楼面的面积约为 $2\,500\text{m}^2$，桥面上共有 2 500 人，楼面行人和某阶固有频率同步的人数 $n' \approx 93$ 人。

表 2-7 结构自振特性

| 模态号 | 频率 | 振型参与质量 | | | | | |
| | | TRAN-X | | TRAN-Y | | TRAN-Z | |
	/（cycle/s）	质量 /%	合计 /%	质量 /%	合计 /%	质量 /%	合计 /%
1	1.83	0.04	0.04	0.02	0.02	15.17	15.17
2	2.35	0.00	0.04	0.00	0.02	0.00	15.17
3	2.35	0.00	0.04	0.00	0.02	0.00	15.17
4	3.32	0.01	0.05	0.01	0.03	2.26	17.43
5	3.69	0.78	0.83	0.72	0.74	3.09	20.53
6	4.20	2.69	3.52	1.57	2.31	0.01	20.53
7	4.54	8.07	11.59	6.96	9.28	0.27	20.80
8	4.82	10.83	22.43	12.37	21.65	0.00	20.81
9	5.18	1.70	24.12	2.08	23.72	2.90	23.71
10	5.30	0.23	24.35	0.00	23.72	2.38	26.09

2.4.1 结构在步行激励下的响应

2.4.1.1 荷载工况

主结构竖向振动频率在 1.6 ~ 2.4Hz 范围之内时要考虑步行荷载振动的影响，大悬挑部分主要固有频率为第 1、3、4 阶，共分析了以下工况：

工况 1：激励频率 1.7Hz，竖向。

工况 2：激励频率 1.9Hz，竖向。

工况 3：激励频率 2.3Hz，竖向。

2.4.1.2 加速度云图

各工况激励下的加速度响应如图 2-83 ~ 图 2-85 所示。

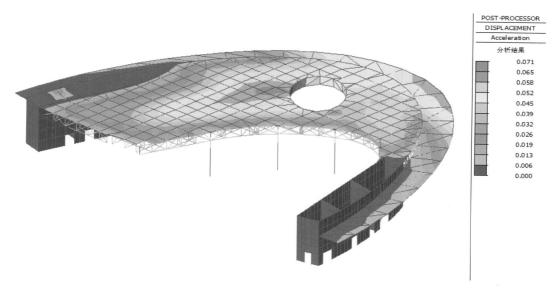

图 2-83　工况 1 竖向振动加速度云图

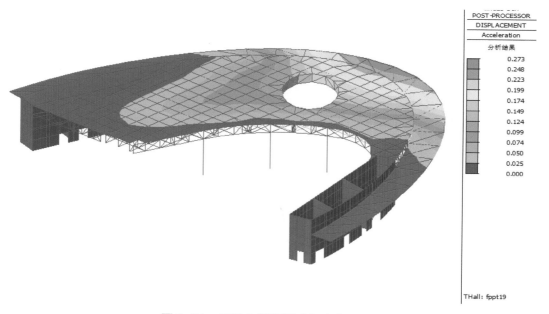

图 2-84　工况 2 竖直振动加速度云图

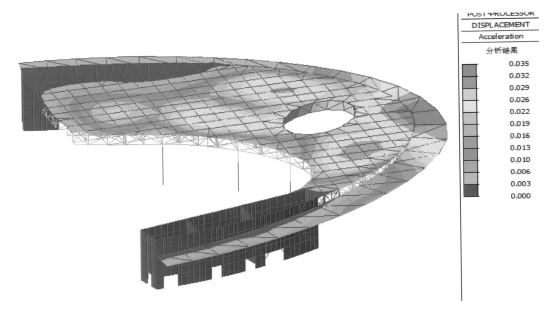

图 2-85　工况 3 竖向振动加速度云图

2.4.1.3　加速度时程曲线

结构主要节点分布如图 2-86 所示。

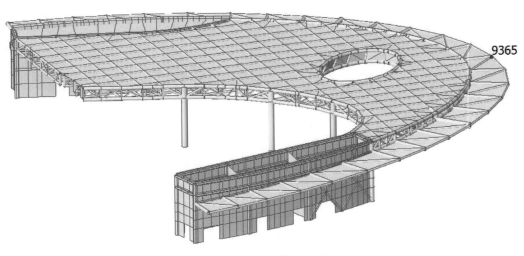

图 2-86　主要节点位置

为便于了解节点的具体振动情况，导出了节点 9365 的振动加速度曲线，如图 2-87 所示。

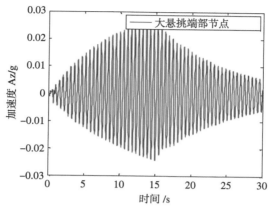

图 2-87 工况 2 作用下节点 9365 竖向振动加速度时程曲线

2.4.1.4 结果汇总

各工况下的振动加速度峰值汇总见表 2-8。

表 2-8 不同激励下结构的振动响应（m/s²）

工况	加速度峰值	备注	方向
工况 1	0.071	＜ 0.15	竖向
工况 2	0.273	＞ 0.15	竖向
工况 3	0.035	＜ 0.15	竖向

从上述图表可以看出，工况 2 竖向激励荷载作用下，竖向振动加速度均超出加速度限值 0.15m/s^2，需要采取减振措施。

2.4.2 TMD 参数设计

根据结构的模态参数及动态计算结果，设计了相应型号的竖向 TMD，其参数见表 2-9。

表 2-9 TMD 参数

TMD 型号	单个 TMD 质量 /t	TMD 数量	TMD 总质量 /t	TMD 频率 /Hz	阻尼比
A	2	5	10	1.88	0.1

TMD 在结构上的布置位置如图 2–88 所示。

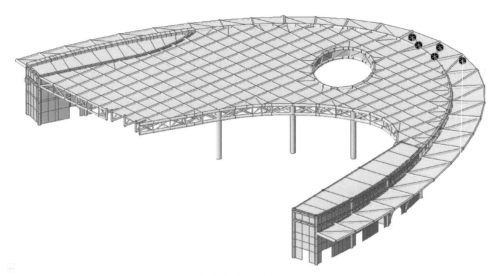

图 2–88　TMD 布置示意

2.4.3　设置 TMD 后的减震效果

2.4.3.1　加速度云图

安装 TMD 阻尼器后，结构的振动有明显减弱的趋势，其加速度云图如图 2–89 所示。

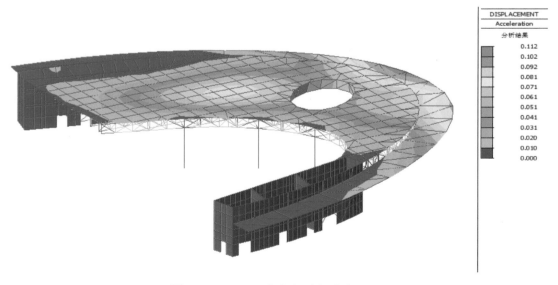

图 2–89　工况 2 竖向振动加速度云图

2.4.3.2 加速度时程曲线

设置 TMD 后，主要节点的加速度时程曲线如图 2-90 所示。

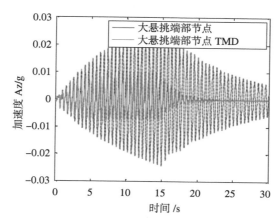

图 2-90 设置 TMD 后工况 2 节点 9365 竖向振动加速度时程曲线

2.4.3.3 减震效果分析

不同激励下结构的振动响应见表 2-10。

表 2-10 不同激励下结构的振动响应

工况	无 TMD 加速度峰值	有 TMD 加速度峰值	减震效果 /%
工况 1	0.071	—	—
工况 2	0.273	0.112	59
工况 3	0.035	—	—

2.5 本章小结

经过结构整体设计分析研究，可以得出以下结论：

（1）上海天文馆结构属于规范未包含的特殊类型复杂结构，其抗震各项指标无法按照常规建筑进行超限判定，但是由于结构高度较低（不超过 24m），控制工况是常规荷载，并不是地震工况。

（2）通过对整体模型和独立模型的分析可知，结构具有较高的冗余度，具有良好的防倒塌性能。

（3）在多遇地震作用下，结构的绝对位移较小，在全楼弹性板计算条件下，最大顶层位移角及层间位移角（按照柱端节点统计）均满足规范 1/800 的限值要求，结构具有良好的抗侧刚度。

（4）通过计算分析，结构各部位抗震性能能够满足设定的性能目标。

（5）上海天文馆结构在相应步行激励下的竖向振动加速度超出了标准的要求，需采取措施。安装 10t 1.88Hz 的竖向 TMD（共 5 个）后，结构在步行激励下的振动加速度峰值有很大程度的降低，可有效提高结构的舒适性，满足我国规范的限值要求。

第**3**章　混凝土壳体结构设计与施工技术研究

上海天文馆中的球幕影院的底座为一个曲面混凝土壳体，混凝土壳体为接近半球形的混凝土薄壳（直径 50m，一端开口），顶部通过 6 个点支撑一个直径 29m 球幕影院，达到悬浮星球的建筑效果。为了减小壳体的厚度，减轻混凝土重量，在壳体外表面设置上翻加劲肋，保证壳体内表面的光滑。

本章将研究异型曲面混凝土的设计方法，通过对天文馆球幕影院曲面混凝土壳体底座的分析计算，把握壳体结构的受力性能、内力分布及传力路径，优化结构的构造做法；同时研究其施工流程、施工措施、模板处理等，保证其表面的建筑效果及浇注质量。

3.1　混凝土壳体结构的发展和应用

壳体通常可以分成薄壳和厚壳，实际应用中的壳体通常是薄壳。而薄壳结构从其构成单元看包括光面壳和带肋壳。如北京网球馆和北京火车站大厅采用光面的双曲扁壳结构，中国船舶重工集团公司第七〇二研究所试验大厅则是无脚手装配式带肋球面薄壳。

3.1.1　混凝土壳体结构的发展

由于壳体结构是一种承载能力高、强度高、刚度大、材料省、既经济又合理的结构形式，因此在工程中有着广泛的应用。

壳体结构的发展可以追溯到古代，最初主要用于宗教建筑。例如：伊斯坦布尔的圣索菲亚大教堂；罗马万神殿，是建筑史上最早、跨度最大的拱结构，其 43.5m 的跨度直到 19 世纪才被突破；开工于 1506 年、建造时长达 120 年之久的罗马圣彼得大教堂以及建于 17 世纪末的伦敦圣保罗大教堂等。这些古代的代表性建筑都是大厚跨比的壳体结构（图 3-1），充分体现了其设计者和建造者的智慧和技巧。

20 世纪初，钢筋混凝土的出现，加快了薄壳结构的发展。1922 年在德国耶拿建造了土木工程史上第一座钢筋混凝土薄壳结构——耶拿天文馆，其净跨为 25m，顶厚为 60.3mm，厚跨比大约为 1/400。但是，由于计算非常烦琐，这一时期的壳体结构发展较慢。

可喜的是，在 20 世纪 30 年代，结构的设计和计算理论有了长足的发展，特别是苏联一些学者提出一些近似分析法及较精确的计算理论，并根据试验研究结果，编制成数十篇图表，给设计计算工作提供了极大方便。之后，随着有限元理论不断发展以及电算技术迅速完善，壳体结构摆脱了繁重的计算难关，走上了广泛应用的道路。

图 3-1　宗教穹顶壳体结构

在 20 世纪五六十年代，钢筋混凝土薄壳结构达到鼎盛时期，许多新的钢筋混凝土薄壳结构被设计和建成。例如：1958 年意大利著名建筑师 P.LNervi 设计了罗马小体育宫，该大厅采用装配式钢丝水泥构成的薄壳屋顶，其断面很薄，并具有很好的弹性，折算厚度仅 6cm，壳体重量为 0.15t/m²，堪称结构与建筑有机结合的典范；1959 年法国巴黎建成当时世界最大的薄壳——国家工业技术中心陈列大厅，由三片抛物线柱面壳交叉组合而成，平面呈三角形，边长 219m，矢高 46m，为钢筋混凝土双层薄壳，两层之间通过传递剪力的横隔板连接，壳体总厚度介于 1.9 ~ 2.75cm，厚跨比为 1/1 200，比鸡蛋蛋壳的厚长比 1/100 还小 12 倍，建筑造型新颖，充分说明混凝土壳体结构的优越性（图 3-2）。

（a）法国国家工业技术中心陈列大厅　　　　　（b）罗马小体育宫

图 3-2　钢筋混凝土薄壳结构

同一时期，钢筋混凝土薄壳结构在我国迅速发展。一批中等跨度的球面壳、柱面壳、双曲扁壳和扭壳相继建成，在一些大跨间的建筑上也采用了壳体结构，取得很好效果。例如：1948 年在常州建造的圆柱面壳仓库是我国最早的薄壳结构，1950 年在太原某厂建造成了柱壳屋盖，1954 年建成了跨度 46.32m 的重庆人民礼堂半球形弯顶，1956 年修建了直径 25m、壳厚 6cm 的半球形面壳的北京天文馆天象厅，1958 年建成的北京火车站候车大厅为 35m×35m 的现浇钢筋混凝土双曲扁壳结构，1959 年广东顺德县大良旗人民大会党中央大厅采用正八角形平面的扁球壳，1961 年同济大学建成跨度 40m 钢筋混凝土柱面网壳，1964 年北京网球馆采用双曲扁壳等。大连港仓库是由 16 个 23m×23m 钢筋混凝土扭壳组成的；1983 年建造的淮南洛河电厂双曲面冷却塔的底面直径为 102.9m，高130m。

在此期间，为了方便工程设计，原建筑工程部还制定了我国第一部关于钢筋混凝土薄壳结构的设计规程《钢筋混凝土薄壳顶盖及楼盖结构设计计算规程》（BJG 16—1965）。该规程一直沿用到 1998 年，被我国第二部相关规程《钢筋混凝土薄壳结构设计规程》（JGJ/T 22—1998）代替。

3.1.2　钢筋混凝土壳体结构发展的主要障碍

不可否认，20 世纪 70 年代以后一段时间，钢筋混凝土薄壳结构的应用出现了停滞，主要原因归结起来有如下几点：

（1）钢筋混凝土薄壳的施工成形需要大量的模板。而对于大多数壳体来说，其覆盖空间大，必须慎用较高的满堂支架，在壳体成形后又需要将模板拆除，这样施工比较复杂，给施工带来了巨大不便，施工周期也较长。另外，模板可循环使用次数较少，有的模板仅可使用一次，因此施工费用较高。

（2）薄壳结构在过去得到众多建筑师青睐的最主要原因在于其跨越大空间的能力以及优美丰富的造型。而现在，这些优点已可以由空间构架以及张拉结构等新型空间结构体系得到更好的发挥。它们可以具有比钢筋混凝土薄壳更大的跨度，且不需要耗资巨大的模板工程。

（3）随着有限元理论的进一步发展和计算机的广泛应用，对其他类型的空间结构的分析变得越来越容易，这样使得薄壳结构竞争力下降。

综上所述，为了使钢筋混凝土薄壳结构重新焕发生机，必须解决结构的支模问题，使施工更加方便，费用进一步减少。基于以上考虑，我国很多学者提出了不同的新型大跨空间结构体系，以适应市场的需要。

3.2 曲面混凝土结构的施工

3.2.1 曲面混凝土施工中的难题

大跨度混凝土壳体因曲面造型，施工中通常会面临以下难题：

（1）模板现场加工制作。拱壳为现浇清水混凝土曲面壳板，属于双曲面体，结构形式复杂，不利于模板现场加工制作。

（2）模板支撑架选用。拱壳清水混凝土模板支撑架通常都比较高，跨度也比较大，一般属于大跨度超高支模架，模板支撑系统的结构受力复杂。

（3）预应力施工。若存在预应力筋设计，预应力筋分两次张拉，第一次在混凝土浇筑完成达到强度后进行，第二次在装修完成后进行，预应力施工周期长。

（4）曲面梁大直径钢筋制作安装。曲面梁采用大直径Ⅲ级钢筋，钢筋现场加工制作、绑扎成型都存在一定困难。

（5）拱壳清水混凝土配合比和浇筑。拱壳混凝土不仅需要满足结构强度、耐久性要求，还要达到清水混凝土效果，混凝土表面颜色、质量、几何与外观尺寸均需满足设计要求。另外，双曲面异形超长拱壳板的混凝土浇筑也不易振捣。

3.2.2 曲面混凝土施工的施工方法

壳体是曲面薄壁结构，伸展的空间较大，因此采取必要措施以保持壳体的几何形状便成为施工的关键。根据不同的构造形式，一般有下列几种施工方法：

1）固定模架施工

在壳体覆盖的空间，对整个曲面架设模架。模架应具有一定的刚度并能承担全部施工荷载。砌筑或灌筑混凝土时，应按照壳体类型，均匀对称地从周边向中心进行，防止模架发生偏移或变形。这种施工法不仅适用于旋转式壳体（圆柱面和双曲面壳体除外），也适用于双曲扁壳和各种扭壳。这种模架不能重复利用，成本较高。1972 年波多黎各的 70m×84m 庞斯大厅是用固定模架建造的钢筋混凝土扭壳结构。

2）活动模架施工

壳体结构如能分割为若干个形状相同又能单独承受荷载的区段，如柱面壳（筒壳）、多波柱面壳、多波双曲扁壳及各种旋转壳等，可采用能挪动的模架，分段架设，按施工顺序逐段转移重复使用，以节省模架费用。架设这种模架时应安装螺旋丝杠或千斤顶等起重装置并铺设滑轨，以利升降移动。常用的活动方式有平移式、旋转式和提升式三种。

（1）平移式。壳体的一个区段完成后，模架按直线方向做水平移动。此法一般用于建造长形仓库、厂房、站台等。广州火车站台筒壳雨篷共长 600m，是用此法施工的。

（2）旋转式。主要用于旋转型壳体结构。采用这种模架方式时，模架要按壳体的中轴线相对方向成双地设置。铺设环形滑轨做对称旋转以保持壳体的几何尺寸。1976 年美国西雅图金郡体育馆双曲抛物面带肋壳顶，直径 201.6m，矢高 33.5m，采用旋转式钢架木模施工。

（3）提升式。是利用千斤顶等起重设备将模架逐节向上提升或滑升的方法，主要用于建造筒仓、水箱、油罐、冷却塔等竖向壳体结构。施工中，各千斤顶的顶升进程要保持匀速同步，采用滑升方式时，模板的滑升速度必须与混凝土的凝固速度相适应。

3）无模架施工

一般为整体安装和壳面拼装两种。整体安装系在地面灌筑壳体或将预制壳板拼成整体，然后采用起重设施通过吊装、提升或顶升到设计高程进行就位。壳面拼装是将预制壳板或拱壳砖直接在壳体位置上进行拼装。拼装时通常利用壳边圈梁作支点，设扒杆缆索悬吊壳板，由外向内，逐圈安装就位，并逐圈校正壳体的弧度。核算因施工而开口的壳的应力，以策安全。

4）其他

除上述外，也可采用架设壳模作为壳体的组成部分，然后在壳模上绑扎钢筋、灌筑混凝土的方法。但此法须用喷射混凝土，工艺较复杂。

壳体设计要同时考虑施工方案并核算施工荷载。设计与施工有着互相依赖的关系，因此，只有两者密切配合，经过多方案比较，才能求得最佳的设计与施工方案。

3.2.3　曲面混凝土施工的分项工程控制

曲面混凝土不同于平面混凝土，在施工中难以掌握控制，容易产生麻面、错台、变形、露筋及裂缝等质量通病。曲面混凝土施工控制需要从钢筋绑扎、模板安装、混凝土浇筑及养护等工序进行控制。

3.2.3.1　钢筋绑扎

为保证曲面混凝土有较高的强度及良好的受力性能，在设计中一般在曲面混凝土内部设计有钢筋网片。在施工过程中，控制好钢筋网片的高程及平面位置是保证曲面混凝土外观质量的第一步。根据施工图纸中曲线方程计算出各断面上钢筋绑扎的高程，以20cm 间距设置一断面为宜（钢筋的绑扎间距一般设计为 20cm），这样可以将每一根钢筋控制在符合设计及规范要求的位置及高程。

在绑扎钢筋网片之前，首先需要在原基础上架设架立筋，架立筋间距需考虑钢筋网片的重量、模板重量及倾倒混凝土时产生的重量，防止钢筋网片变形，每一排架立筋严格控制在一个断面之上，根据实际经验，每 50cm 设置一排架立筋为最佳架立筋间距。在架立筋设置好后在架立筋上焊接托筋，托筋焊接时严格控制托筋高程，必要时用拉线绳控制每一个焊点高程，焊点高程除应满足混凝土保护层厚度外，还应考虑一根钢筋直径。焊接好的托筋（俗称马凳）中每一根托筋对于点位要一一对应，并严格保证该点位上的设计高程。等托筋安装到位并检查无误后进行钢筋绑扎，一般而言，托筋安装无误，在钢筋绑扎过程中严格按照钢筋绑扎规范施工，钢筋网片不会出现较大误差。需要注意的是每一根横向钢筋在桩号上必须一一对应。

3.2.3.2 模板安装

模板是保证达到清水混凝土质量要求和外观效果的关键，模板的质量则是达到清水混凝土要求的重要前提条件，模板必须质量好，不可选用造成混凝土表面染色，或影响混凝土的均匀凝固而造成颜色不一，或拆模时木质纤维容易粘在混凝土表面的模板。

常见的清水混凝土一般采用钢模、木模、组合钢模，而钢模、组合钢模的一次性投入较大，适用于外形相对规整的构件，施工现场需要有辅助的吊装设施搬运模板，模板的支撑架相应增大，综合施工成本增加。胶合板木模板具有容重轻、强度高、纹理美观等特点，有变形小、幅面大、施工方便、不翘曲、横纹抗拉力学性能好等优点，是建筑工程中最常见的一种模板。

胶合板木模板可锯可钉，工人操作容易，模板的支撑系统选用钢管扣件式脚手架，支模方便快捷，价格相对钢模板、组合钢模板低。经过比选，双曲面异形拱壳结构选用胶合板木模板比较适合。通过运用 CAD 软件，充分发挥计算机辅助设计的优越性，对拱壳的施工模板进行布板排列，实现模板的参数化设计。

在大中型工程中，一般采用滑模施工工艺。对于小型的曲面混凝土，利用翻模更能节约施工成本。翻模在安装模板之前应根据曲线方程及陡坡坡比计算最佳安装模板位置。根据实际情况，曲线段和反弧段不需要也不便于安装模板。洋县党河水库溢洪道反弧段就属于这种类型。只需要在陡坡段安装模板。在安装模板之前，需要提前预制好 5cm 厚的砂浆垫块，垫块大小可为 5cm×5cm，也可根据实际情况确定其大小，在垫块初凝之前在其内插入扎丝或者小型号铁丝，以便于绑扎在钢筋网片上架立模板。垫块绑扎间距可按照 50cm×50cm 安排。待垫块绑扎牢固后将模板置于垫块之上并用铁丝牢固绑扎在钢筋网片之上，防止模板位移。模板宜采用 3015 模板拼装，便于人工脱装翻模。安装高度以 4~5 层最佳。根据混凝土初凝时间、温度、施工能力确定脱拆模时间，以便于对拆模后的混凝土进行人工收面。

3.2.3.3 混凝土浇筑

混凝土浇筑前可先按照曲线方程描出混凝土浇筑控制曲线，一般各点位高程高于设计标准高程 10~20cm，便于在施工过程中控制对应点位高程。混凝土入仓坍落度及混凝土脱模最佳时间控制是曲面混凝土施工的两个技术关键。混凝土坍落度过低，则混凝土难以振捣密实，并易出现滑料分离。坍落度过大，则混凝土脱模时间过长，不利于提高施工速度，混凝土易出现裂缝。经过经验调整，最终选择混凝土入仓坍落度为 40mm，这样能保证浇筑与脱模的连续性。脱模最佳以脱模后混凝土不下移，手指压混凝土面指印明显为宜。脱模后混凝土表面存在气眼（缓坡段尤为突出）、错台、凹陷、麻面等现象在所难免。模板全部拆除后，利用挂在对立钢筋上的施工爬梯立即为出模混凝土进行全面抹光修整处理，保证弧面外形尺寸和表面平整光滑。对弧面混凝土缺陷按"多磨少补，宁磨不补"的原则，修补处理不另外配浆，而是把及时收集混凝土振捣时逸出于模板表面的细浆作为修补材料。这样可保证弧面混凝土色质一致，无修补痕迹遗留。

3.2.3.4 混凝土养护

曲面混凝土养护经修整处理后 8 ~ 12h 后开始喷水养护，连续养护 28 天。养护时考虑节约人工和水资源并能保证连续养护，可在塑料水管上打上小孔，利用循环水，通过渗出水管的水连续养护浇筑好的混凝土。

施工干扰大，并考虑到节约成本，不便于采用大型起吊施工设备进行曲面混凝土施工，对整个仓面搭设车辆便道是最适宜的。根据混凝土浇筑强度要求灵活使模板安拆与混凝土浇筑平行作业，结合使用合理的混凝土入仓方案和适宜的坍落度控制，掌握脱模的最佳时机，并收集取用施工时原溢出的细浆修整表面的凹陷、麻面等瑕疵，既使施工混凝土体质量得到保证，又使混凝土外观及表面平整度达到设计要求。

3.3 天文馆混凝土壳体结构设计

3.3.1 球幕影院区域结构布置

球幕影院区域所在位置如图 3-3 所示，球幕影院球体采用钢结构单层网壳结构，其内部观众看台结构可以采用钢梁 + 组合楼板的结构形式。球体底部支撑结构根据建筑效果要求采用混凝土壳体结构，并均匀设置加劲肋，壳体与钢结构球体之间设置钢筋混凝土环梁，环梁内设置钢骨，球体结构通过六个点与混凝土环梁连接，如图 2-24、3-4 和图 3-5 所示。

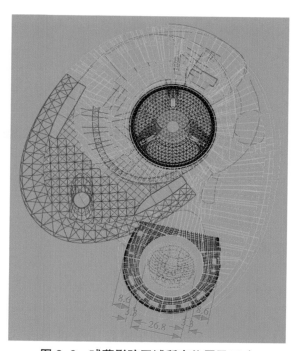

图 3-3 球幕影院区域所在位置及尺寸

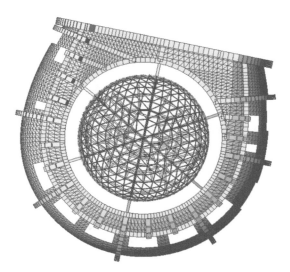

图 3-4　球幕影院区域结构实体平面图

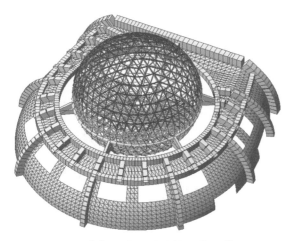

图 3-5　球幕影院区域结构三维实体图

3.3.2　球幕影院区域结构静力分析

　　球幕影院区域静力分析时按两种情况考虑：一是球体与下部混凝土壳体之间为刚接连接；二是铰接连接。

3.3.2.1　刚接模型

　　恒 + 活作用下混凝土壳体的最大竖向位移为 –38.6mm（图 3-6），挠跨比为 41 500/38.6 = 1 075，小于规范 1/400 的限值要求；球体最大竖向位移为 –51.1mm（图 3-7），相对于混凝土壳体的变形只有 12.5mm。

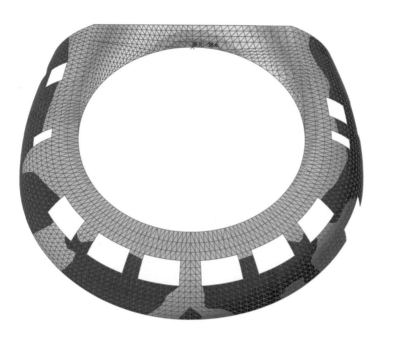

图 3-6　恒 + 活作用下壳体结构的竖向位移

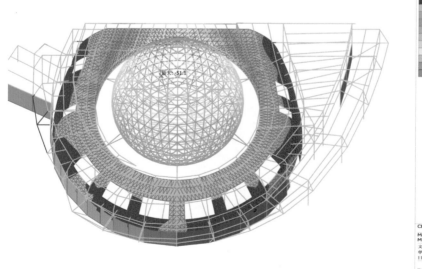

图 3-7　恒 + 活作用下球幕结构的竖向位移

恒＋活作用下混凝土壳体最大水平位移为 7.0mm（图 3-8），球体的最大水平位移为 27.2mm（图 3-9），其变形是由于下部混凝土壳体一侧开口导致刚度不对称而产生的。

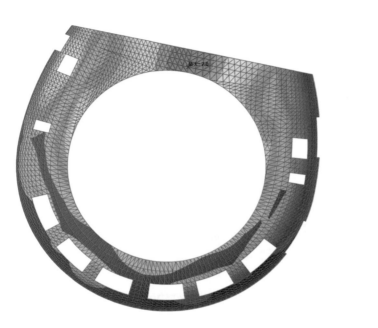

图 3-8　恒＋活作用下壳体结构的水平位移

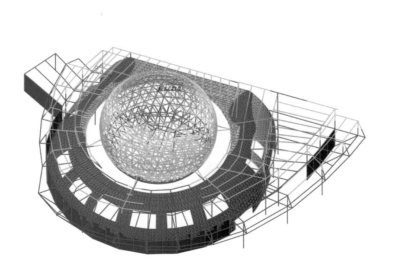

图 3-9　恒＋活作用下球幕结构的水平位移

温度作用下最大水平位移为 10.8mm（图 3-10），主要表现为球体的内外膨胀。壳体位移约为 7mm。

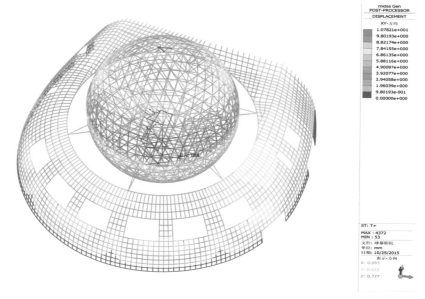

图 3-10　升温 30℃作用下结构的水平位移

3.3.2.2　铰接模型

恒 + 活作用下混凝土壳体的最大竖向位移为 -37.8mm（图 3-11），球体最大竖向位移为 -55.4mm（图 3-12），相对于刚接模型位移变化不大。

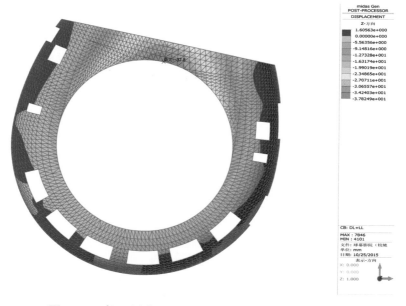

图 3-11　恒 + 活作用下壳体结构的竖向位移

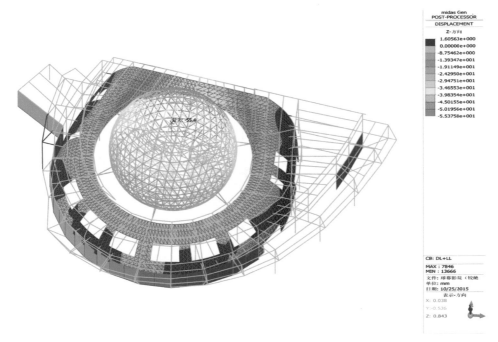

图 3-12　恒 + 活作用下球幕结构的竖向位移

3.3.3　球体与混凝土壳体节点连接构造

　　钢结构球体与混凝土壳体底座之间设置钢筋混凝土环梁，环梁内设置钢骨。球体结构通过 6 个点与混凝土环梁中的钢骨连接（如图 2-25 所示），后述将对节点构造及设计进行详细介绍。

3.3.4　球幕结构整体稳定性能分析

　　球幕影院区域整体稳定性分析时只取关键部位的独立模型进行分析，荷载工况选取（1.0 恒 +1.0 活）的标准组合。结构前 12 阶屈曲荷载因子见表 3-1。

　　第一阶屈曲模态为球幕钢结构顶部局部屈曲（图 3-13），前 12 阶均为球体结构屈曲，由此可见，混凝土壳体无稳定问题。

表 3-1　结构前 12 阶屈曲荷载因子

阶数	荷载因子	阶数	荷载因子
1	24	7	27
2	25	8	27
3	26	9	29
4	26	10	29
5	27	11	29
6	27	12	30

3.3.5　多遇地震作用下球幕结构抗震性能分析

　　球幕影院区域多遇地震作用下独立模型采用反应谱法进行计算，并考虑时程分析结果乘以 1.3 的放大系数。

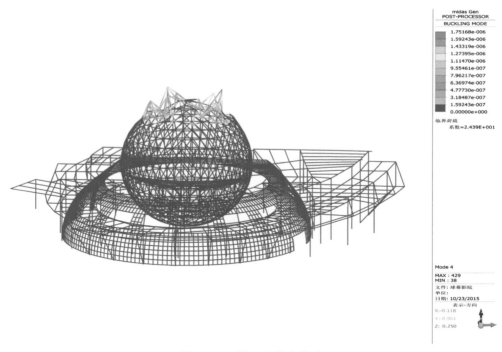

图 3-13　第一阶屈曲模态

球幕影院区域最不利地震作用方向为 172° 和 82°（图 3-14 ~ 图 3-16）。

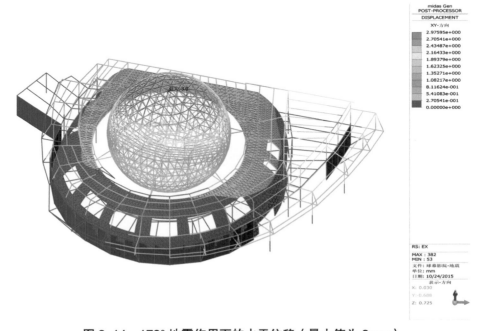

图 3-14　172° 地震作用下的水平位移（最大值为 3mm）

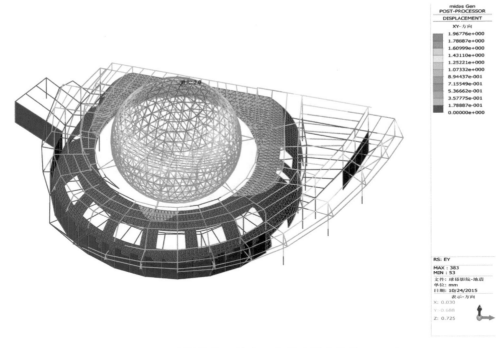

图 3-15　82° 地震作用下的水平位移（最大值为 2mm）

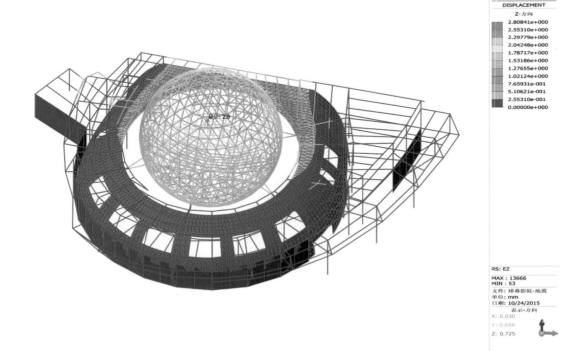

图 3-16　竖向地震作用下的竖向位移（最大值为 2.8mm）

从以上计算结果可以看出，多遇地震作用下球幕区域结构位移值远远小于（恒＋活）标准组合下的位移，因此地震工况不起控制作用。

球幕区域结构的振动分析结果见表 3-2 和图 3-17。

表 3-2　结构前三阶振型

振型	周期 /s	质量参与系数 /%			
		X 向	Y 向	Z 向	扭转
1	0.34	0.03	1.39	19.2	0.18
2	0.3	12.7	6.3	0.28	13.8
3	0.27	12.3	2.1	0.2	6.7

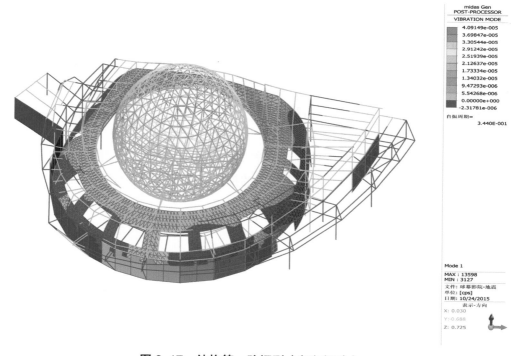

图 3-17　结构第一阶振型（竖向振动）

3.3.6　罕遇地震作用下结构抗震性能分析

大震下球幕影院区域结构性能采用 ABAQUS 对天文馆整体结构建模，进行弹塑性时程分析。

3.3.6.1 大震弹塑性时程分析参数及材料本构

主要对整体结构中几个关键部位提取结果，包括对混凝土筒体、大悬挑钢桁架部分及球幕影院部分进行分析，判断大震下构件性能。1 000mm 厚外筒体配筋为 Φ5@150，500mm 内墙配筋为 Φ20@150，均双层双向。主筋等级均为 HRB400、箍筋等级均为 HRB400。

根据上海地区抗震要求，地震波峰值加速度采用 200Gal。根据小震弹性时程分析可知，SHW3 波作用下结构响应最大，因此大震弹塑性时程分析时地震波采用 SHW3 波。弹塑性时程分析采用三向地震波输入，主次向地震波加速度峰值比为 1：0.85：0.65，时间间隔 0.01s，地震波持续时间为 30s，主方向地震波峰值为 200Gal。

钢材采用随动硬化模型。如图 3-18 所示，包辛格效应已被考虑，在循环过程中，无刚度退化。

设定钢材的强屈比为 1.2，极限应力对应的应变为 0.025。混凝土材料进入塑性状态伴随着刚度的降低，其刚度损伤分别由受拉损伤参数 d_t 和受压损伤参数 d_c 来表达，如图 3-19 和图 3-20 所示 d_t 和 d_c 由混凝土材料进入塑性状态的程度决定。

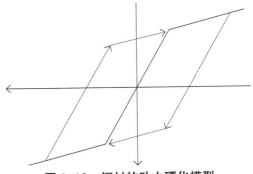

图 3-18　钢材的动力硬化模型

当荷载从受拉变为受压时，混凝土材料的裂缝闭合，抗压刚度恢复至原有的抗压刚度，当荷载从受压变为受拉时，混凝土材料的抗拉刚度不恢复，如图 3-21 所示。

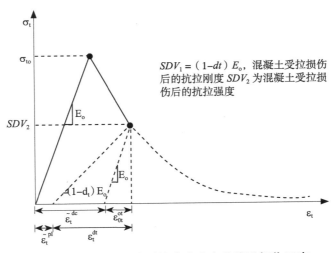

$SDV_1 = (1-dt)E_o$，混凝土受拉损伤后的抗拉刚度 SDV_2 为混凝土受拉损伤后的抗拉强度

图 3-19　混凝土受拉应力应变曲线及损伤示意

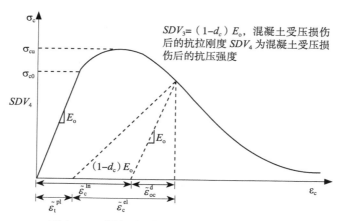

图 3-20 混凝土受压应力应变曲线及损伤示意

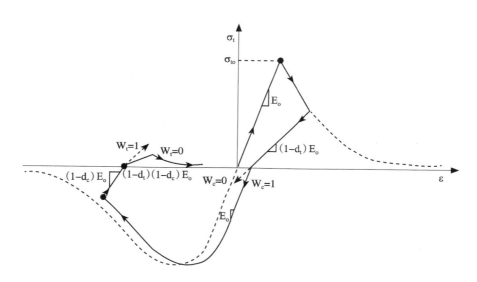

图 3-21 混凝土拉压刚度恢复示意

3.3.6.2 ABAQUS 计算几何整体模型

采用前述材料本构关系，在 ABAQUS 中建立天文馆结构整体模型，如图 3-22 和图 3-23 所示。

3.3.6.3 球幕区域 ABAQUS 大震计算结果

大震作用下球幕影院混凝土壳体采用 ABAQUS 进行弹塑性时程分析，参数及时程波等均与整体模型计算时相同，如图 3-24 ~ 图 3-27 所示。

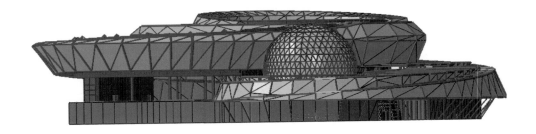

图 3-22 ABAQUS 计算几何整体模型立面图

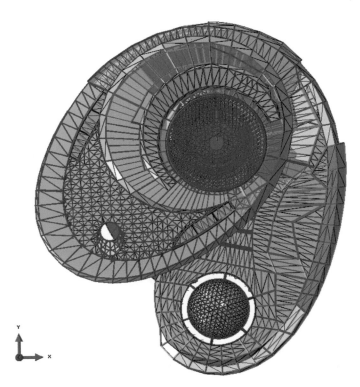

图 3-23 ABAQUS 计算几何整体模型俯视图

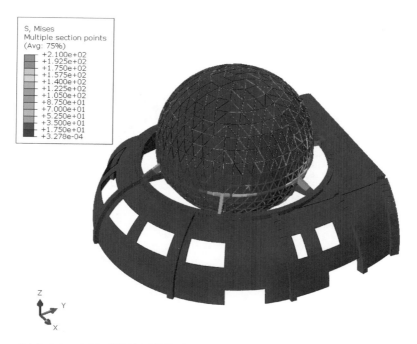

图 3-24　大震时程分析结构应力（最大为 210MPa，钢材处于弹性状态）

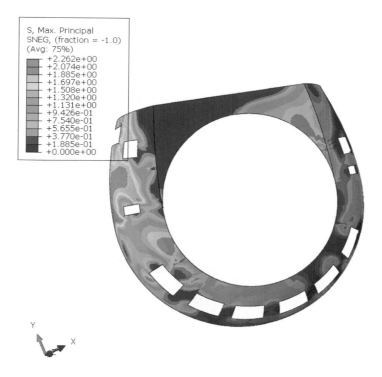

图 3-25　大震时程分析混凝土最大主拉应力（最大 2.26 MPa）

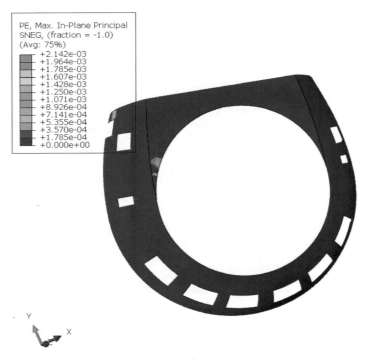

图 3-26　大震时程分析混凝土内钢筋塑性拉应变（最大 0.002 1）

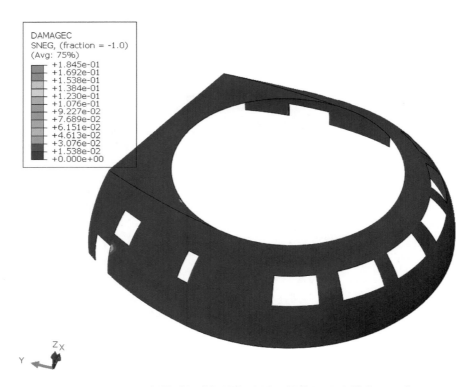

图 3-27　大震时程分析混凝土受压损伤因子（最大 0.18）

从以上分析可知，大震下球幕影院壳体混凝土仅少数几个单元有受压损伤，单元内配筋进入塑性，可以通过增大边梁配筋解决，大部分区域钢筋未屈服，混凝土受压未损伤，因此可以认为大震下壳体整体不屈服。

3.4 天文馆混凝土壳体结构施工技术研究

3.4.1 混凝土曲壳结构设计概况

曲壳区域（9 ~ 17/A ~ J 轴线范围，图 3-28）采用现浇钢筋混凝土结构，混凝土强度 C50，最高高度为 11.800m。

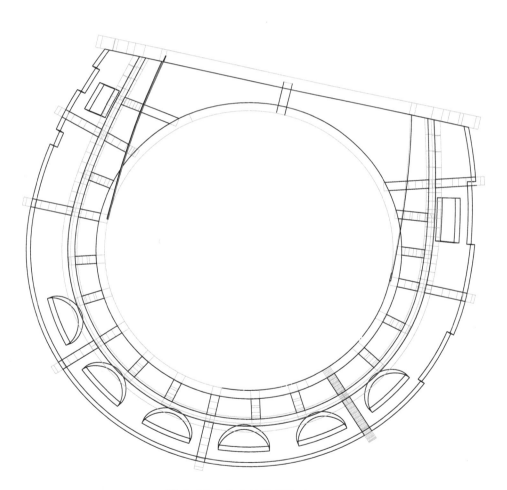

图 3-28 曲壳结构平面布置

其中加劲梁（结构标高 –6.800 ~ 5.000m）截面尺寸：1 000mm×1 500mm；上下主筋 29Φ25，箍筋 Φ14@100，腰筋 14Φ16。主筋等级均为 HRB400、箍筋等级均为 HRB400。

主要结构构件分布见表 3-3。其中 2 道环梁截面尺寸：1 000mm×1 500mm（环梁 1 内含 H1 200mm×600mm×30mm×30mm 型钢）；上下主筋 23Φ25，箍筋 Φ14@150，腰筋 14Φ16。主筋等级均为 HRB400、箍筋等级均为 HRB400。环梁 1 结构底标高为 5.000m，环梁 2 结构底标高为 3.000m。

平台框架梁截面尺寸：1 500mm×2 000mm；上下主筋 35Φ25，箍筋 Φ16@100，腰筋 20Φ18。主筋等级均为 HRB400、箍筋等级均为 HRB400。框架梁结构底标高为 5.000m，曲壳板钢筋主要采用 HRB400 级双层双向 Φ20@150，混凝土强度等级 C50，曲壳板厚度为 500mm。

主楼 2 层（6 ~ 11/R ~ X 轴线范围）（13 ~ 17/l ~ s 轴线范围）最高高度 10.2m（结构标高 –0.300 ~ 9.900m），主楼高排架总面积约 1 605m²，采用现浇钢筋混凝土结构。混凝土结构单根梁最大截面为 600mm×1 200mm。主筋 23Φ25，箍筋 Φ10@100，腰筋 8Φ12。主筋等级均为 HRB400、箍筋等级均为 HRB400。框架梁结构底标高为 8.700m。

表 3-3　主要结构构件分布一览表

序号	平面位置（轴号）	竖向位置（标高、层次）	层高 / m	板			梁		
				厚 / mm	跨度 / mm	面荷载 /（自重 kN/m²）	宽 × 高 / mm × mm	跨度 / mm	线荷载 /（自重 kN/m）
1	9 ~ 17/A ~ J 轴线	–6.800m ~ 5.000m	0 ~ 11.8	500	2 257 ~ 8 170	12.5	1 000 × 1 500	15 236	37.5
							1 500 × 2 000	29 465	75
2		–0.30 –0.60 –0.80	6.7	200	3 719	5	400 × 2 200	6 782	22
							700 × 1 500	4 685	26.25
				250		6.25	1 175 × 1 200	7 000	35.25
							400 × 1 700	8 409	17
3	13 ~ 17/l ~ s 轴线	–0.300 ~ 9.900m	10.2	150	2 626	3.75	600 × 1 200	8 900	18

3.4.2　工程施工特点和难点

本工程主体建筑曲壳区域（9～17/A～J 轴线范围）最高高度 11.8m（结构标高 -6.800～5.000m），高排架总面积约 553.59m²，顶部环梁尺寸 1 500mm×2 000mm，混凝土结构单根梁最大截面为 1 175mm×1 200mm。模板排架高度超过 8m、集中线荷载大于 20kN/m，因此曲壳区域属于高大模板结构工程。

本工程高大模板结构区域内梁及楼板荷载、跨度、排架净高，均为超过一定规模的危险性较大的高大模板工程，曲壳结构作为双曲线混凝土结构（局部区域需预留半径 6m 的半圆形孔洞），施工精度的要求更高。

本工程高大模板结构区域下方为现浇 600mm 厚钢筋混凝土底板、200mm 厚钢筋混凝土顶板，因此满足高支模排架搭设的基层要求。

3.4.3　壳体结构施工顺序

先进行 ±0.000 以下的结构施工，地下室结构施工按照后浇带和施工缝分块，由南向北先后顺次进行流水施工，施工完成后再进行 ±0.000 以上的曲壳结构施工。曲壳结构根据施工难度及特点，水平向分三次进行浇筑（图 3-29）、垂直向分为五次进行浇筑（图 3-30）。垂直向最后一次施工前，先进行环梁内的 H 型钢的施工，型钢由专业钢结构

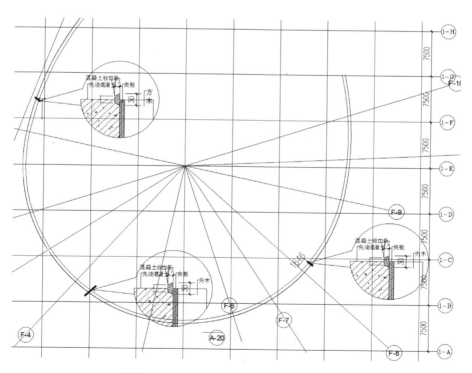

图 3-29　曲壳结构施工水平向分块图

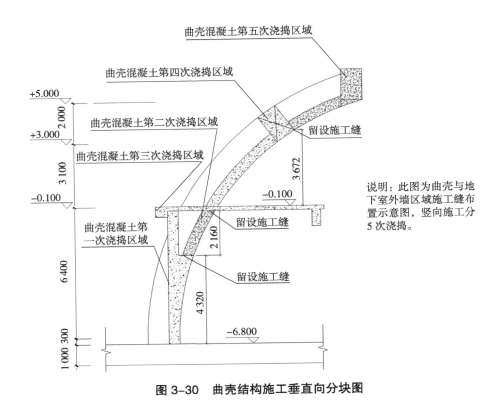

图 3-30　曲壳结构施工垂直向分块图

单位设置临时支撑，支撑在结构底板上，支撑完成后，进行混凝土结构施工。施工完成后，先拆除高支模排架，再拆除临时支撑。上部结构待地下室结构施工完成后另行施工。

3.4.4　壳体施工模板与支撑体系设计

壳体结构中加劲肋梁部分采用木模板系统，面板采用 15mm 厚胶合板，主楞采用扣件式钢管，规格 Ø48.3×3.0，次楞采用方木，规格尺寸 40mm×90mm；支撑系统采用扣件式钢管，规格 Ø48.3×3.0。

壳体结构中曲壳部分，面板采用 12mm 厚塑料模板，主楞采用扣件式钢管，规格 Ø48.3×3.0，次楞采用方木，规格尺寸 40mm×90mm；支撑系统采用扣件式钢管，规格 Ø48.3×3.0。

为确保排架系统的整体稳固性，本工程高排架采用钢管扣件将排架与已完成区域的周边排架进行连接（图 3-31 和图 3-32）。

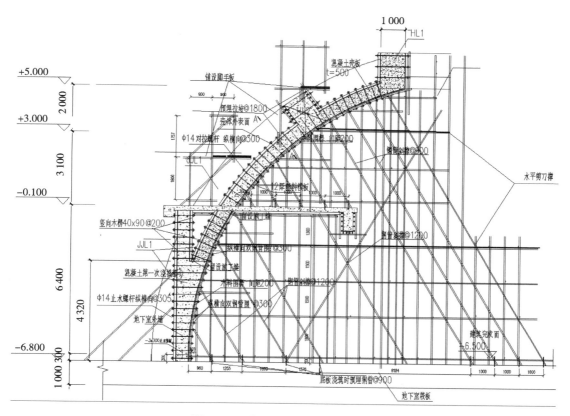

图 3-31　曲壳立杆立面布置示意

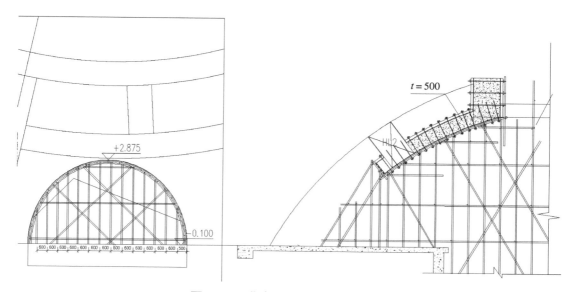

图 3-32　曲壳洞口区立杆布置示意

3.4.5 壳体结构施工技术措施

3.4.5.1 施工工艺流程

（1）结构施工总流程：定位放线→排架施工→竖向结构施工（包括柱钢筋、模板、混凝土施工）→平台、梁模板铺设→平台、梁钢筋绑扎→隐蔽验收→混凝土浇捣养护→下一层施工（工序循环）。

（2）梁板施工流程：排架弹线→梁弹线→标高引测→排架搭设→梁底模铺设→平台模板铺设→梁钢筋绑扎→留孔、板底梁侧埋件安装→侧模安装→板底皮钢筋铺设→预应力铺设→安装等单位穿插→板面钢筋绑扎→板面埋件安装→柱插筋固定→清理→隐蔽验收→钢筋模板分项评定→混凝土浇捣（先高标号柱再低标号梁板）→收头→养护→预应力张拉→灌浆→拆模整理。

（3）曲壳区施工流程：排架弹线→梁弹线→标高引测→排架搭设→曲壳内侧模铺设→平台模板铺设→钢筋绑扎→留孔、板底梁侧埋件安装→安装等单位穿插→清理→隐蔽验收→曲壳外侧模铺设→钢筋模板分项评定→混凝土浇捣→收头→养护→拆模整理。

3.4.5.2 地基与基础

本次高支模排架地基均搭设在600mm基础底板上，地基及基础无须另行加固。

3.4.5.3 测量放线

在排架立杆施工前，应在基底按立杆平面布置图，测放出立杆的定位线。

弹线流程：柱轴线→梁（墙）边线→排架立杆位置线。

3.4.5.4 模板与支撑系统安装

（1）排架搭设顺序：弹出排架搭设控制线→以控制线立杆为基准，搭设主梁投影部位的立杆→搭设其余梁的立杆→牵水平杆→加剪刀撑→排架验收。

（2）放线：排架搭设轴线控制，以地下室主梁中心线为排架搭设控制轴线。必须在地平面弹出上述控制线。

（3）排架搭设。

① 树立杆。地下室板排架间距为900mm×900mm，横杆步距为1800mm，剪刀撑间距为6000mm一道，曲壳区域排架间距为600mm×600mm，横杆步距为1500mm，设3道60°斜撑水平间距为1200mm，沿曲壳环形布置。

支架立杆应竖直设置，2m高度的垂直度允许偏差不得超过15mm。总高垂直度偏差不得大于一根钢管的直径。垂直度控制应由专人负责，搭设前详细交底，搭设过程中跟踪检查，并配备相应数量的水平尺或托线板，发现问题及时整改，确保立杆垂直度在允许偏差范围内。

立杆位置上下两层对齐，相邻立杆对接搭接均应错开一个步距。

② 牵横杆。

排架必须设置纵横向扫地杆，纵向扫地杆应采用直角扣件固定在距底座上皮不大于 200mm 处的立杆上，当立杆基础不在同一高度时，必须将高处的纵向扫地杆向低处延长两跨与立杆固定。

柱子四周的横杆应与柱搭成井字形抱箍，使排架与柱模形成一整体。

排架支撑立杆采用对接和绑接形式，绑接部位均设双扣件，并增加一个抗滑扣件。扣件螺栓拧紧扭力矩值不应小于 40N·m。

横平竖直，整齐清晰，图形一致，平竖通顺，连接牢固，受荷安全，不变形，不摇晃。

③ 剪刀撑。剪刀撑应设三个方向连续进行设置。沿主梁两侧各设垂直剪刀撑，其他部位在跨中设置一道；水平方向在标高 4.5m 设一道，垂直剪刀撑与地面的夹角成 45°。

④ 排架标高复核。

排架搭设好经班组自检合格后，由技术员对排架的标高进行复核，用水准仪从专用水准点引测至排架上进行复核。标高控制点沿柱头分别向上引测，并做好标记。

洞口、高低跨处排架洞口上下均加水平横杆，横杆左右不少于 3 根立杆。

搭设排架时，为施工方便，预留施工通道供人走动。沿轴线右侧设置施工人行通道，每隔 18m 设置施工通道。施工人行通道 800mm 宽。在排架搭设前，人行通道处穿梁位置两侧排架应做加密处理。

（4）各种材料必须符合国家标准要求，有严重锈蚀弯曲压扁裂缝缺陷的钢管扣件不得使用。

（5）钢管脚手架必须使用扣件，钢管接头必须使用对接扣件，不得错开，脚手架各杆件相交处，扣件处伸出的端头均应大于 100mm，以防滑落。

（6）铺板必须平整密实，接头不小于 200mm，探头不大于 150mm；操作平板必须采用人员防滑和防止钢板滑动措施，有铺板的脚手板应用铅丝绑牢。

（7）梁两侧立杆纵向牵杆及板底纵横牵杆必须到位。

（8）模板支架四边与中间每隔 6m 应设置一道纵向剪刀撑，由底至顶连续设置。

（9）本项目地下一层层高 8m，高于 5m 的模板支架，位于 4.5m 高处设置一道水平剪刀撑。

（10）在高差部位梁底增加一道立杆，且必须加设剪刀撑。

（11）顶部传递荷载的扣件均采用双扣件，竖向钢管均采用对接扣件接长。

（12）每道剪刀撑不小于 4 跨，且不应小于 6m，斜杆与地面的倾角在 45°，剪刀撑斜杆的接长采用搭接，搭接长度不小于 1m，应采用不少于 2 个旋转扣件固定，端部扣件盖板的边缘至杆端距离不小于 100mm，剪刀撑斜杆旋转扣件固定在与之相交的横向水平杆伸出端或立杆上，旋转扣件中心线至主节点距离不大于 150mm。

3.4.5.5　混凝土浇筑

曲面壳体结构工程区域，宜采取两次浇筑方法，即先行浇筑竖向结构，再浇筑水平结构。本工程厚板与大梁同时浇筑时先分层浇注大梁再分层浇注厚板，每层浇注不超过50cm。大梁浇注每层不超过50cm。

3.4.5.6　模板与支撑系统拆除

1）准备工作

（1）当混凝土达到要求的强度后，必须经单位工程负责人检查验证，确认排架不再需要后，方可拆除。排架拆除必须由施工现场技术负责人下达正式通知。

（2）制定排架拆除方案，并向操作人员进行技术交底。

（3）拆除前安排专人清除排架上的材料、工具和杂物，清理地面障碍物。

（4）制定详细的拆除程序。

（5）拆除排架现场应设置安全警戒区域和警告牌，并派专人看管，严禁非施工作业人员进入拆除作业区内。

2）排架的拆除

（1）排架的拆除顺序与搭设顺序相反，后搭的先拆，先搭的后拆。

（2）脚手架的拆除顺序为：松动顶撑→立杆上方木→模板→顶撑→横杆→立杆→斜撑→⋯立杆底座。

（3）拆除顺序应"由外向内、自上而下"逐层进行，严禁上、下同时作业。严禁将拆卸下来的杆配件及材料从高空向地面抛掷，已吊运至地面的材料应及时运出拆除现场堆码，以保持作业区整洁。

3）拆除注意事项

（1）如部分排架需要保留而采取分段、分立面拆除时，对不拆除部分排架必须设置斜撑，横向斜撑应自底至顶层呈之字形连续布置。

（2）排架分段、分片拆除高度不应大于2步。

（3）拆除立杆时，把稳上部，再松开下端的连接，然后取下。

（4）拆除水平杆时，松开连接后，水平托举取下。

（5）排架待预应力张拉后拆除。

3.5　本章小结

球幕影院的曲面混凝土壳体在大震作用下仅少数几个混凝土单元有受压损伤，相应单元内钢筋进入塑性，可以通过增大边梁配筋解决，大部分区域钢筋未屈服，混凝土受压未损伤，因此可以认为大震下壳体整体不屈服。

　　曲面混凝土壳体在施工中难以掌握控制，容易产生麻面、错台、变形、露筋及裂缝等质量通病。曲面混凝土施工需要按照后浇带和施工缝进行分块，从钢筋绑扎、模板安装、混凝土浇筑及养护等工序进行控制。

第4章 节点构造设计研究

虽然日常生活中常见的建筑物从表面上看是一个整体，但它是由许许多多的小部件连接而成的，尤其是钢结构建筑物。为了保证钢结构建筑物的承载力和整体刚度，需将许多小部件有效地连接起来。要想保证工程质量，保证钢结构建筑物各部件连接的牢固性，节点的连接强度要与构件的自身强度保持一致。在施工过程中，节点所采用的施工工艺和连接方法是重点。本着安全、可靠和经济、方便的原则，施工时采用的连接方法也不相同。在钢结构连接节点中，焊缝连接是最常见的，而螺栓连接的利用率也比较高。铆钉连接不仅对施工工艺有较高的要求，而且施工工序也比较复杂，所以应用得比较少。

而当钢结构与混凝土结构、铝合金结构等其他结构形式组合后，连接节点将更加复杂，形式更加多样。上海天文馆存在多处钢结构与混凝土结构相连接节点，40m 大悬挑结构及 60m 大跨度结构与混凝土筒体之间、200m 长旋转步道与"三脚架"立柱之间等，尤其是直径 29m 球幕影院球体与下部混凝土壳体结构之间仅通过 6 个节点连接，在室内形成环形的光圈，以达到球体悬浮于空中的效果。因此，节点形式的分析与选择、节点构造设计研究是项目研究重点，既要保证结构的安全，同时还需满足建筑效果的要求。

4.1 节点形式

4.1.1 根据施工方法划分

根据施工方法的不同可以把钢结构节点分成焊缝连接、螺栓连接和铆钉连接三种形式。

（1）焊接连接。焊接连接在工程中的利用率比较高，基本所有的钢结构构件都可以采用这种方法。采用这种连接方法时，不仅对钢结构构造的要求少，而且施工工艺简单，不会因为焊缝的存在而削弱截面强度，结构整体不会发生大的变形，刚度也比较强。焊接连接与其他连接方法相比更为经济，其操作过程也已经实现了自动化。但是，这种连接方法的缺点也比较明显。由于局部受热，钢材的化学构造有所变化，许多元素的含量也发生了变化，导致结构容易受到脆性破坏。在施工过程中，要保证焊接后节点处没有裂缝。因为裂缝的存在会使节点承受较大的力而产生新的裂缝，它会沿着之前的裂缝迅速蔓延。在焊接的过程中，加热、散热不均匀，残余应力和残余应变的存在都会导致结构受到荷载时断裂。

（2）螺栓连接。螺栓是一种机械零件，将其与螺母配套使用是一种有效的连接方式。利用它可以紧固两个带有通孔的构件。螺栓连接是一种可拆卸、重复使用的连接方式。螺栓连接的应用范围比较广，在建筑、铁道、车辆等工业工程中，螺栓连接的使用率较高。因为它具有施工方便、施工效率高、强度大、循环利用率高和造价低等优点，所以，受到了各行各业施工人员的青睐。

（3）铆钉连接。铆钉是由头部和钉杆构成的一类紧构件，它主要是通过自身变形产生的摩擦力完成连接工作，具体的连接方法有冷铆法和热铆法。现在的建筑主要采用的是热铆法，即先给铆钉加热，使其高温膨胀，然后迅速将铆钉打入铆孔。铆钉冷却后会收缩，但是，收缩变形过程会被两侧的钢板阻止。铆钉连接的特点是工艺简单、连接可靠、抗冲击性强，与焊接相比，它的缺点是噪声大、生产效率低，铆孔会削弱被连接件截面强度的 15% ~ 20% 等。与焊接相比，铆钉连接的经济性不强。

4.1.2　复杂空间结构常用节点形式

造型复杂的、大跨度空间钢结构中，一般采用的节点形式是球节点、板节点、相贯节点等。但对于一个节点汇交连接 8 根及以上的三维空间杆件，且有少数杆件汇交的角度偏小（30° 以下）时，制作、安装施工工艺要求高、难度大，采用常规成熟的节点难以保证节点的安全可靠、施工简便、美观以及特定的设计要求，而此时采用铸钢节点是个不错的选择。它既具有相贯节点的省材和美观的效果，又避免了多杆相贯焊接连接中节点内存在的残余焊接应力问题。

1）球节点

（1）焊接空心球节点。焊接空心球节点是我国网架结构中最常用的节点形式之一。空心球可工厂铸造，大批量生产。钢管和空心球通常等强度焊接，现场焊接杆件空间位置难以控制，现场工作量大。目前，对焊接空心球节点的研究已有了深入的发展。起初，学者对圆钢管焊接空心球节点在轴力作用下的静力性能进行了试验研究，随着计算机技术的发展，学者通过有限元分析对焊接空心球节点在荷载作用下的应力分布、受力机理和破坏准则的研究，找出影响空心球节点承载力的因素，并提出更加合理的承载力设计公式。

（2）螺栓球节点。螺栓球节点是在设有螺纹孔的钢球体上，通过高强螺栓将交汇于节点处的焊有锥头或封板的圆钢管杆件连接起来的节点。一般由设有螺栓孔的钢球、高强度螺栓、长形六角套筒、锥头或封板、销子等零件组成。螺栓球节点具有连接节点对空间交汇的圆钢管杆件连接适应性强和杆件连接不会发生偏心的优点，在平板网架中得到广泛应用，现场焊接工作量小，并且运输和安装方便。

2）板式节点

板式节点又分为法兰节点、外加劲板连接节点、内加劲板连接节点、节点板连接等。

3）相贯节点

相贯节点具有受力合理、外形简洁、加工制作方便和节约材料等优点，在工程中得到了广泛的应用。相贯节点又称简单节点、无加劲节点或直接焊接节点。节点中只有在同一轴线上的两个直径最大的相邻杆件（称为弦杆或主管）处贯通，其余杆件（称为腹杆或支管）通过端部相贯线加工后，直接焊接在贯通杆件上，非贯通杆件根据位置关系分为间隙或搭接杆件。

4）铸钢节点

建筑用铸钢节点由于其整体浇注成型，避免了复杂节点的制作难、交汇焊缝的高残余应力等问题，是近年来应用较为广泛的新型节点形式之一，已在广州会展中心、重庆江北机场等大跨空间结构中广泛应用。它是将各杆件相交汇部位浇铸成任意空间形状的节点。节点具有良好的适应性，并在局部应力集中区域形成圆滑过渡截面，避免应力集中，且造型美观。但铸钢节点也有耗钢量大，受力不够明确的缺点。2008 年，中国工程建设标准化协会批准铸钢节点应用技术规程，这对铸钢节点的发展起到了推动作用。但目前国内对铸钢节点的研究尚处于起步节点，铸钢节点已成为空间结构的研究热点。

4.2　节点研究方法

4.2.1　试验研究

采用足尺或缩尺的节点试验，通常可以反映节点的实际力学行为，但由于试验费用高昂，因此常作为节点理论研究的验证手段。为有效利用已有的试验数据，世界范围内的试验数据库已建立。如 Abdalla 等在 SCDB 项目建立的半刚性节点数据库（1950—1994 年）；葡萄牙米尼奥大学和布拉大学在欧洲项目 Cost Project 建立的半刚性节点数据库 SeRi WWW（1985—1998 年）；美国在 1994 年洛杉矶北岭地震后成立的 SAC 委员会在对钢框架梁柱节点大量研究后也建立了相应的节点试验数据库（1997—2000 年）。数据库的主要缺陷是需要长期的管理来更新和升级试验数据。

4.2.2　数值模拟

随着计算机的飞速发展，采用大型有限元软件对节点进行精细化有限元分析成为可能，但通常由于初始应力、接触和几何缺陷等问题而难以准确实现模拟，数值模拟常用于节点参数分析。

4.2.3 组件法

组件法是将节点拆分为多个基本组件，每个组件由线性或非线性的弹簧模拟，通过弹簧的串、并联组合计算，将各基本组件进行组装，获得节点整体的力学行为。现行欧洲钢结构设计规范 EN1993-1-8：2002（Euro Code 3，EC3）推荐采用组件法进行节点设计，EC3 的附录 J 中给出了定量描述组件贡献和组件组合的表达式。组件法自 1992 年引入 EC3 后，广泛用于钢结构的节点力学行为（强度、刚度和转动能力）研究中，并得到了一些便于工程设计的分析模型和实用计算方法。与试验研究和数值模拟相比，组件法具有明确的物理意义，其建立的力学模型有利于理解节点的工作机理，并可确定各组件的失效顺序。Nethercot 认为"组件法是模拟不同类型节点的强度、刚度和转动能力的共同基础"，并将其列为 20 世纪后半叶节点研究的关键进展之一。

4.3 节点设计研究

4.3.1 球幕影院球体与混凝土壳体连接节点

球幕影院钢结构球体与下部混凝土壳体结构之间仅通过 6 个节点连接，如何保证其传力的有效性和安全性是该节点设计的重中之重，设计时在下部混凝土壳体顶部环梁内设置型钢，保证球体钢结构与混凝土壳体之间力的传递（图 4-1）。

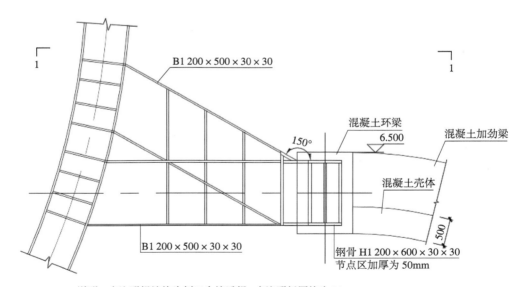

说明：未注明焊缝均为剖口全熔透焊，未注明板厚均为 30mm。

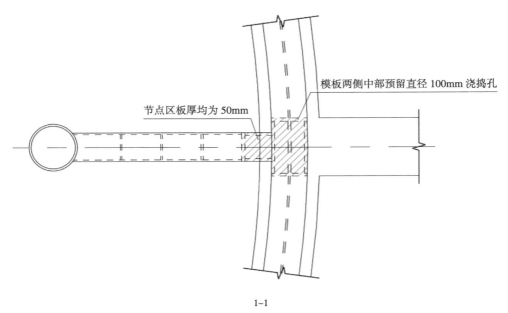

1—1

图 4-1　节点设计图

　　节点分析采用 ANSYS 软件进行计算，控制工况为 1.2 恒载 +0.98 活载 +1.4 温度（降温），该荷载工况内力乘以 1.5 倍的荷载图如图 4-2 所示，计算时对选取的壳体模型底部及两个侧面刚性约束。

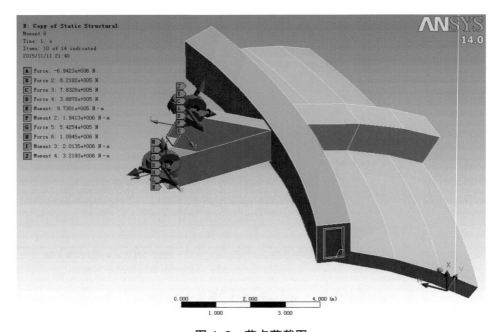

图 4-2　节点荷载图

计算结果如图 4-3 ~ 图 4-5 所示。

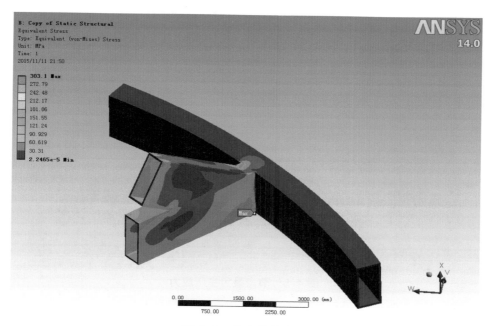

图 4-3 节点等效应力

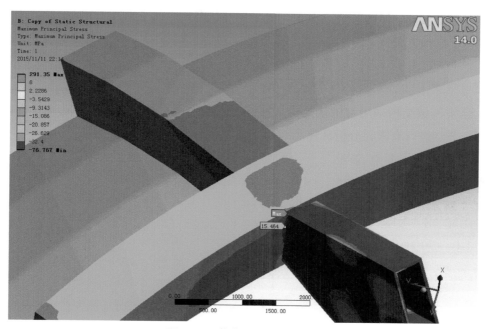

图 4-4 节点最大主拉应力

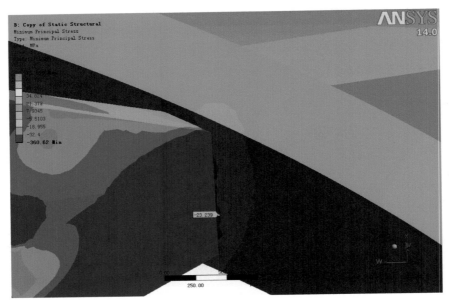

图 4-5　节点最大主压应力

从上述图示可以看出，在荷载作用下节点钢构件最大应力为 303.1MPa，处于弹性状态，混凝土最大主拉应力除与钢构件交界处应力集中区域超过 8MPa 以外，其余区域均小于 8MPa，按此配筋能保证钢筋处于弹性状态，混凝土最大主压应力除与钢构件交界处应力集中区域超过 32.4MPa 以外，其余均处于弹性状态，因此节点在 1.5 倍设计荷载作用下应力较小，保持为弹性。

4.3.2　大悬挑区域弧形桁架相贯节点

大悬挑区域结构采用管桁架结构，杆件之间均采用相贯焊接节点，选取杆件内力最大的两个节点进行有限元分析计算。

（1）节点 1。节点位置及节点连接杆件编号如图 4-6 和图 4-7 所示，杆件内力见表 4-1。

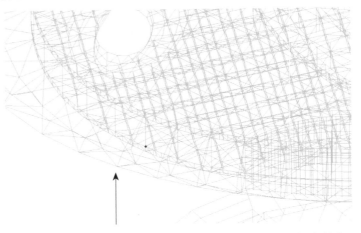

图 4-6　节点所在位置（弧形桁架与二层楼面桁架相交处）

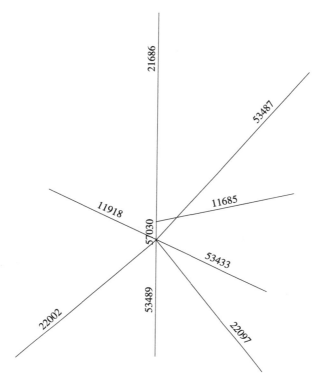

图 4-7　与节点连接杆件编号

表 4-1　杆件内力

杆件编号	轴力	剪力 -y	剪力 -z	扭矩	弯矩 -y	弯矩 -z
11685	−353.4	21.8	−184.5	−47.7	−259.9	22.9
11918	1 079.9	111.4	−1 226.6	548.9	−2 012.4	95.9
21686	−145.3	264.5	−471.3	18.4	2 060.5	−1 229.9
22002	−3 749.2	−32.8	−1 737.9	−191.1	−4 334.2	1.1
22097	−623.8	−0.4	−15.7	12.1	−63.2	−1.4
53433	−2 169.5	−35.3	197.8	−362.9	−387.7	46.3
53487	2 896.4	−61.9	−77.6	74.6	−343.4	−281.6
53489	3 748.2	−2 843.0	534.7	14.4	1 285.5	−4 689.5
57030	−6 292.9	0	0	0	0	0

节点有限元分析结果如图 4-8 ~图 4-10 所示。

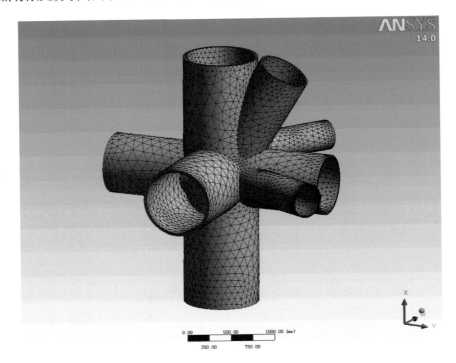

图 4-8　节点有限元模型

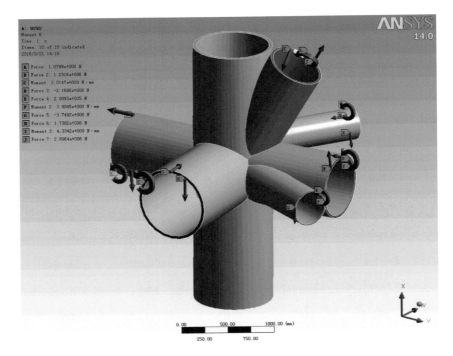

图 4-9　节点荷载（未加荷载杆件两端固定约束）

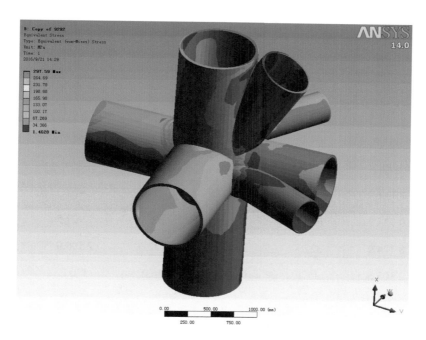

图 4-10　节点等效应力

节点等效应力最大值为 297.59MPa（图 4-10），强度满足要求。

（2）节点 2。节点位置及节点连接杆件编号如图 4-11 和图 4-12 所示，杆件内力见表 4-2。

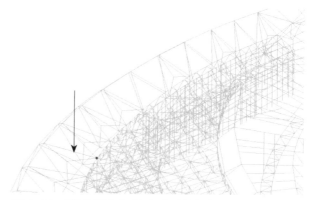

图 4-11　节点所在位置（弧形桁架与屋面桁架相交处）

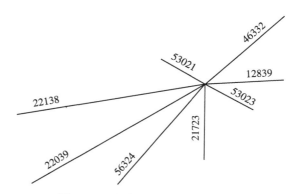

图 4-12　与节点连接杆件编号

表 4-2　杆件内力

杆件编号	轴力	剪力 −y	剪力 −z	扭矩	弯矩 −y	弯矩 −z
12839	490.1	−6.1	48.3	2.8	−90.1	2.3
21723	3 219.3	276.1	692.0	37.3	873.4	451.2
22039	455.9	6.4	194.5	69.7	851.7	110.0
22138	472.2	−1.3	20.6	9.8	−85.0	1.9
46332	33.6	1.0	4.0	0.1	−7.1	−1.9
53021	9 733.7	689.5	545.8	62.7	1 927.5	596.1
53023	8 774.9	322.8	1 104.5	232.6	2 586.9	453.0
56324	2 303.6	18.1	104.0	36.2	370.2	124.7

节点有限元分析结果如图 4-13 ~ 图 4-15 所示。

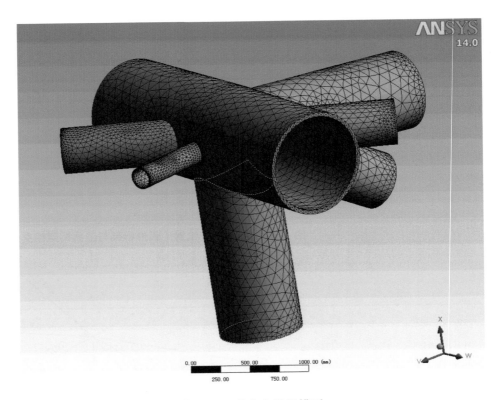

图 4-13　节点有限元模型

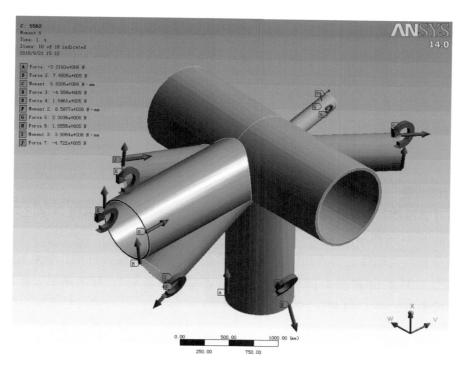

图 4-14 节点荷载（未加荷载杆件两端固定约束）

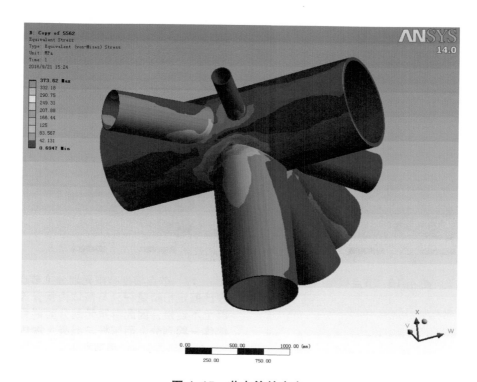

图 4-15 节点等效应力

节点等效应力最大值为 373.62MPa（图 4-15），位于应力集中区域，其他区域均小于 345MPa，强度满足要求。

4.3.3 弧形桁架与混凝土筒体之间连接节点

大悬挑区域钢结构与混凝土筒体之间通过在混凝土筒体内设置钢骨来保证荷载的传递。

4.3.3.1 计算模型

选取计算模型时忽略桁架腹杆等次要构件，建立主要构件与混凝土筒体之间的模型，计算模型如图 4-16 所示。

节点分析时对墙体底部施加固定约束，节点荷载施加于弦杆杆端，节点有限元划分及荷载施加如图 4-17 和图 4-18 所示。杆端节点荷载见表 4-3，杆端局部坐标如图 4-19 所示，杆件编号如图 4-20 所示。

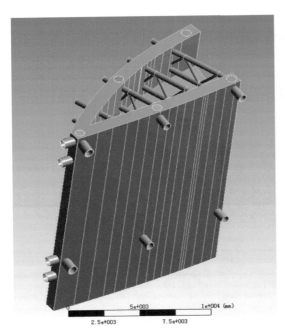

图 4-16　节点模型

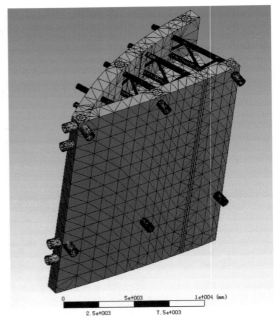

图 4-17　节点模型有限元划分（节点分析时保守地假定桁架弦杆只与筒体内钢骨连接，与混凝土不连接，因此有限元划分时钢骨与混凝土墙体一起划分，而弦杆与混凝土墙体之间不共用节点）

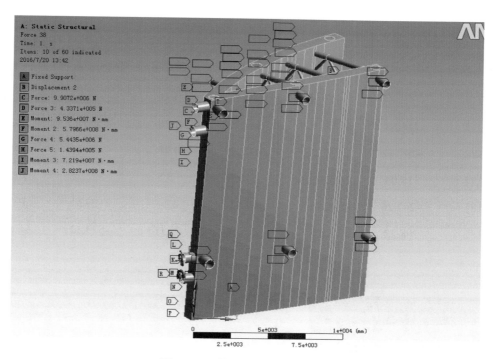

图 4-18　节点最不利荷载施加

表 4-3　杆端节点荷载

杆件号	轴向力 /kN	剪力 -y/kN	剪力 -z/kN	扭矩 / （kN·m）	弯矩 -y/ （kN·m）	弯矩 -z/ （kN·m）
13356	970.52	93.41	−38.67	1.2	−82.16	82.63
14899	−888.15	152.7	−96.93	7.94	−161	135.41
13375	990.6	164.52	−54.31	0.85	−88.8	118.71
14894	−808.83	205.11	−95.92	0.95	−153.35	162.47
13404	869.85	166.2	−30.84	−5.34	−73.32	129.75
14877	−904.46	205.53	−77.66	−6.33	−138.41	174.54
13458	794.66	111.13	−23.13	−5.5	−62.77	115.54
14888	−836.54	106.32	−110.95	−12.25	−198.9	122.93
13236	9 907.22	−160.7	−402.84	95.36	−574.34	−78.32
53111	5 443.5	48.35	135.58	72.19	−248.72	−133.69
11928	−1 959.79	−16.68	55.98	257.47	−253.36	−67.46
53450	−9 290.41	550.03	508.66	369.16	−1 047.32	−816.06

（续表）

杆件号	轴向力 /kN	剪力 -y/kN	剪力 -z/kN	扭矩 /（kN·m）	弯矩 -y/（kN·m）	弯矩 -z/（kN·m）
22214	-321.84	-13.56	219.39	0.71	-713.03	22.55
22217	714.35	23.66	-576.79	1.96	-1 371.11	41.38
22178	-197.32	-7.4	100.02	0.91	-315.78	20.28
22177	318.04	6.42	-200.3	-3.5	-522.28	10.55
22181	-267.26	-6.11	107.25	2.24	-337	19.06
22182	208.22	3.33	-206.66	-2.11	-523.12	6.84

图 4-19　杆端局部坐标

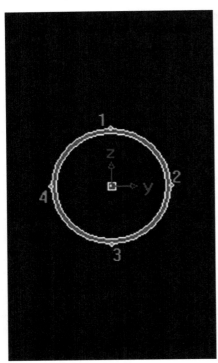

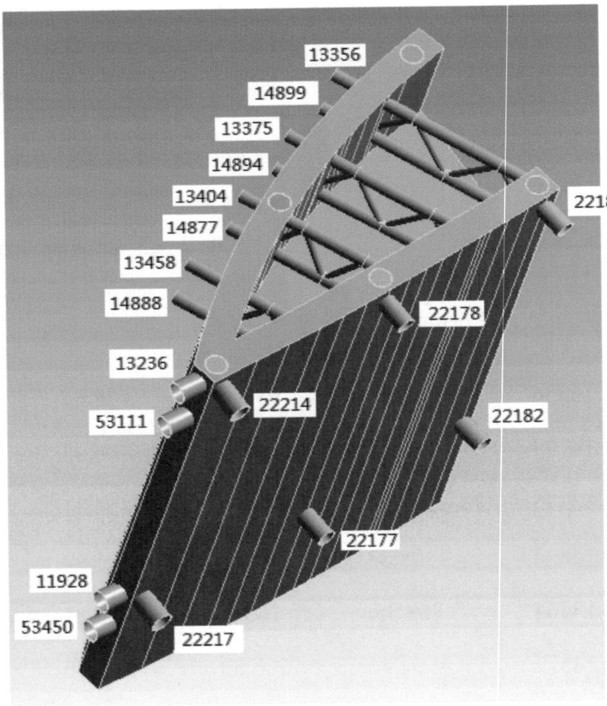

图 4-20　杆件编号

4.3.3.2　计算结果

从图 4-21 可以看出，节点区钢构件最大等效应力为 240.42MPa，位于杆件加载端，核心筒内钢骨应力均在 100MPa 以内，具有很高的安全度。

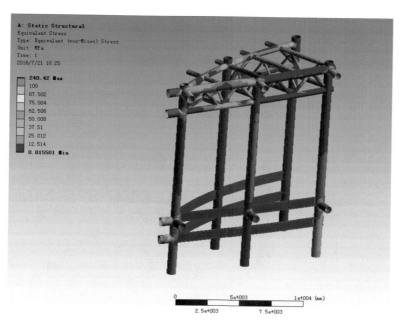

图 4-21　钢构件等效应力

从图 4-22 和图 4-23 可以看出，节点区混凝土拉应力除局部应力集中区域较大（最大 10.14MPa）外，大部分区域均小于 2.6MPa，而压应力均很小（最大 −6.856 7MPa），混凝土应力均较小，满足要求。

因此，在最不利荷载作用下，节点区保持为弹性，且应力较小，具有很高的安全度。

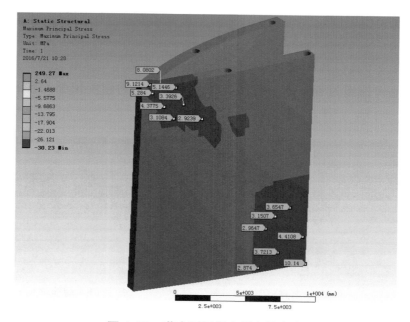

图 4-22　节点区混凝土最大拉应力

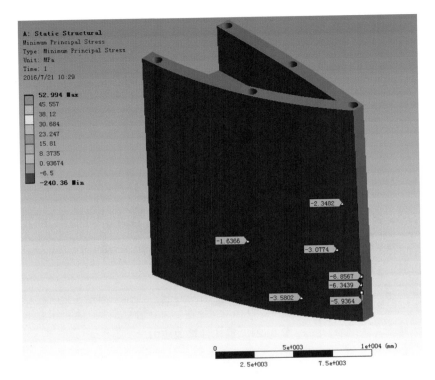

图 4-23　节点区混凝土最大压应力

4.3.4　铝合金网壳结构杆件连接节点

铝合金网壳结构杆件之间连接标准节点采用板式节点，节点板与杆件之间采用螺栓连接。

有限元模型考查荷载最大一根杆件所在节点在荷载作用下的受力及变形情况，同节点上的其他构件作为节点板的约束条件，考查节点的刚度情况。有限元模型如图 4-24 所示。

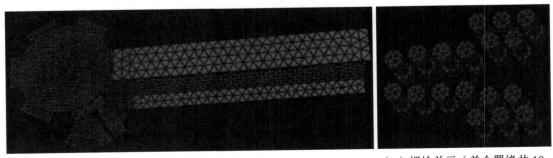

（a）节点模型　　　　　　　　　　　（b）螺栓单元（单个翼缘共 18 颗螺栓）

图 4-24　节点模型

图 4-25 所示为节点的弯矩转角曲线，其中弯矩为杆件在节点处所受弯矩，即梁端所施加荷载 x 梁端到节点中心距离，转角位节点区转角大小，即连接板边缘变形量 / 连接板半径。

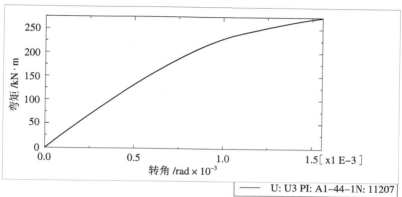

图 4-25　节点弯矩转角曲线

杆件强轴方向线刚度如下计算得到

$$I_x = 2.89 \times 10^8, \ E = 70\,000\text{N/mm}^2, \ L = 3\,000\text{mm}$$

$$I = EI_x/L = 7\,225\text{kN/m}$$

计算得到节点弹性转动刚度约为 $M/\theta = 25\,700\text{kN} \cdot \text{m} \approx 3.6i$，其中 i 为杆件线刚度，可以认为节点刚度满足结构计算模型中刚接的假定。节点连接弯矩承载力约为 250kN · m，大于构件弯矩 241kN · m，满足 "强节点、弱构件" 的要求。

当达到极限荷载时，除局部应力集中区域外，节点区铝合金板件的等效应力均小于铝合金名义屈服强度 200MPa，满足铝合金材料强度要求。螺栓最大等效应力为 447.3MPa，略大于 440MPa，满足其强度要求（图 4-26 和图 4-27）。螺栓连接节点与普通梁柱节点不同，工字铝构件伸入连接板部分腹板受力很小，剪力主要通过连接板传递给杆件。可以看出，在极限荷载作用下，构件上下翼缘与节点板之间未发生明显的分离，仍然保持接触，变形基本一致，说明节点具有较好的整体性。

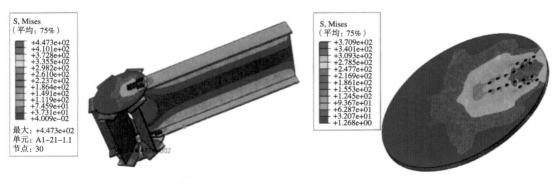

图 4-26　极限荷载下节点应力分布

图 4-27　极限荷载下螺栓群等效应力

　　将节点板下翼缘（受压翼缘）对称一半的螺栓从外到内分别编号为 1 ~ 9（图 4-28），表 4-4 所列为极限弯矩作用下螺栓剪力值。从表中数值可以看出，当节点达到极限弯矩时，螺栓群受力较均匀，且每个螺栓实际剪力值均小于单个螺栓设计抗剪承载力 23.2kN。

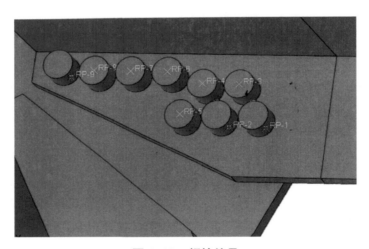

图 4-28　螺栓编号

表 4-4　极限弯矩作用下螺栓剪力值

螺栓编号	1	2	3	4	5	6	7	8	9
螺栓剪力 /kN	20.7	21.7	22.3	20.3	20.6	20.4	20.1	20.7	21.5

4.4　本章小结

　　以上海天文馆项目为载体，通过上述对结构特殊节点构造的研究，可以得到以下主要结论：

（1）球幕影院钢结构球体与下部混凝土壳体结构之间仅通过 6 个节点连接，设计时在下部混凝土壳体顶部环梁内设置型钢，保证球体钢结构与混凝土壳体之间力的传递。计算结果表明，节点在 1.5 倍设计荷载作用下应力较小，保持弹性状态。

（2）大悬挑管桁架结构的杆件之间均采用相贯焊接节点，部分主管周边支管汇交情况复杂，选取杆件内力最大的节点进行计算分析，结果表明，节点等效应力最大值为 373.62MPa，位于应力集中区域，其他区域均小于 345MPa，强度满足要求。

（3）铝合金网壳结构杆件之间连接标准节点采用板式节点，节点板与杆件之间采用螺栓连接。计算结果表明，该节点形式具有较好的整体性，节点连接弯矩承载力约为 250kN·m，大于构件弯矩 241kN·m，满足"强节点、弱构件"的要求。当节点达到极限弯矩时，螺栓群受力较均匀，且单个螺栓实际剪力值均小于单个螺栓设计抗剪承载力。

第5章 复杂结构风荷载研究

5.1 大跨度屋盖结构抗风研究概况

由于大跨屋盖技术的飞速发展，其形式日新月异。且由于其轻质、柔度大等特性，风荷载成为其控制荷载。很多风工程研究者均对其进行了不同方面的研究。但迄今为止，仅仅是对一些规则体型的屋盖研究较为透彻，如程志军等对平屋面、坡屋面、弧状屋面、柱形和球形屋面等规则屋盖的表面风压特征进行了详细总结，并在论文中指出屋面结构的几何形状对屋面风压分布有重大影响。在《建筑结构荷载规范》（GB 50009—2012）中对各种规则形状的屋面形式也分别给出了参考风荷载体型系数。

但是相对于现有的高层建筑风荷载理论，现有的大跨屋盖风荷载理论的研究工作还远远不够。实际工程中的屋盖体形往往相当复杂，且所处风场也不同。对于大跨度屋盖结构的风振问题，目前还没有合理成熟的理论，规范中仅仅能给出几种规则屋盖的体型系数供设计者参考，对于如上海天文馆这样的复杂体型屋盖的抗风性能，风压分布特性等还缺乏理论上的指导。因此，只能根据对具体的大跨度屋盖结构风效应的分析，深入研究其风荷载分布和风致振动特性，总结其共性的规律，规范其抗风设计方法，为类似体型的大跨度屋盖结构抗风设计提供参考。

5.1.1 研究思路

大跨度屋盖抗风研究，目前方法主要有：风洞试验、数值模拟和现场实测。其抗风研究是一个系统过程，图5-1所示是结构抗风研究的基本思路。在大跨度屋盖结构的抗风研究中，风工程研究人员的主要任务就是通过各种方法从外形迥异的建筑形式中归纳出结构表面风压分布的规律，解释风压分布的机理，通过结构风致响应的分析获得等效静风荷载。

5.1.2 研究手段

认识屋盖结构的风荷载特性，是进行抗风研究的第一步。只有充分掌握了结构的风荷载特性，才能建立其合理的风振响应的分析方法。目前主要通过风洞试验、数值模拟

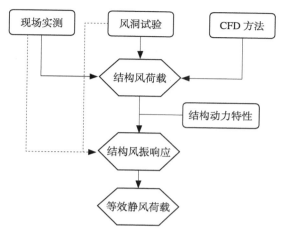

图 5-1 传统屋盖结构抗风研究的基本思路

和现场实测等手段，来研究屋盖结构的风荷载分布特性。

（1）风洞试验。目前来说，运用风洞试验来预测复杂体型大跨度屋盖结构的风荷载分布特性，是一种比较直接、有效的研究手段，同时也得到工程界的广泛应用。根据试验目的的不同，风洞试验又分为刚性模型的测压试验研究和气动弹性模型试验研究两种。

（2）数值风洞模拟。随着近年来计算机技术和数值方法的迅速发展，CFD 数值模拟方法已成为预测建筑物风载及风环境的一种重要的有效方法。一方面数值风洞可以更好地辅导物理风洞的试验，缩短试验费用及周期；另一方面数值风洞可以弥补物理风洞试验上的一些局限，比如雷诺数效应的限值、流场细部构造的显示等。

（3）现场实测。现场实测一般利用风速仪、加速度计等仪器在现场对实际风环境及结构风响应进行测量，以获得风特性和结构响应的第一手资料，是风工程研究中一项非常重要的基础性工作。通过现场实测，可以获得详细全面、可信度较高的数据资料，加深对结构抗风性能的认识，优化设计阶段所采用的试验模型和计算模型，为制定建筑荷载规范提供依据。

5.1.3 ANN 在结构抗风领域的应用

随着大数据时代的到来，采用新的处理方法对海量数据进行信息挖掘越来越受到重视。对于大跨屋盖结构的风荷载分析，目前国内外仍主要依靠在技术上比较成熟的刚性模型的风洞测压方法。然而，由于设备的限制，在结构物表面布置的测压点有限，试验得到的其实是在特定风向角下特定测点的风压系数，由此得出的结构表面的风压分布是离散的量，有时模型制作和测点布置时出现的偶然问题导致的测点失效，更会影响结构分析的准确性。因此，如何利用这些有限的测点风荷载数据建立起能够完全描述整个结构整体风荷载特性的模型已成为一个重要的研究课题。

5.1.3.1 人工神经网络简介

人工神经网络（artifical neural network，ANN）是由大量处理单元以某种拓扑结构大规模地连接而成的具有自组织、自学习、非线性动态处理等特征的非线性动力学系统，可用来对人脑结构与智能进行模拟，是一门涉及生物、电子、计算机等多个领域的学科。它具有大规模并行计算、神经优化及联想记忆等功能，对复杂问题的求解十分有效。

1986 年 Rumelhart 等发展的反向传播算法已成为大多数多层感知器训练所采用的流行学习算法。目前应用最广泛的多层前馈神经网络正是采用了这一算法。

多层前馈神经网络（BP 神经网络）是在发现简单感知器不能解决线性不可分问题的背景下提出来的。它具有明显的层次结构，其中包括输入层、隐含层和输出层，隐含层可有多个。层间的神经元进行单向连接，层内神经元则互相独立，每层神经元在节点接收前一层的输出，同时进行线性复合和映射（线性或非线性），通过复合反映不同神经元之间的耦合，通过映射对输入信息做出反应。

董聪等从数学上对多层前馈神经网络的映射能力进行严格的证明。Kolmogrov 指出：m 维单位立方体中的任意一个连续函数都可以用一个三层神经网络去精确实现，并且此网络的输入层是 m 个处理单元，中间为 $j = 2m + 1$ 个处理单元，输出层为 n 个处理单元。Funahashi 进一步对每层神经元函数的选取进行了研究，指出：在三层网络中，只要对隐含层采用非线性递增映射函数，输入输出层采用线性映射函数，就可以用三层网络对任意连续函数进行逼近。

5.1.3.2 神经网络在结构抗风领域的应用

人工神经网络方法自问世以来，已被广泛应用于许多领域，近年来在土木工程领域的应用研究也显示了该方法的应用潜力和卓越性能，被认为是一个很有发展前途的研究方向。人工神经网络是由大量简单的处理单元，以某种拓扑结构广泛地相互连接而构成的复杂非线性动力学系统，它不仅能对信息进行分布并行处理，具有很强的容错性和学习联想能力，而且具有一般非线性系统的共性。

基于人工神经网络的这些特点，它非常适合于解决常规方法所无法解决的抗风研究的一些难点，如气动弹性效应、气动力非线性和结构参数漂移、结构动力学模型不确定性等。在国内，黄鹏曾利用人工神经网络研究了建筑物间的峰值干扰效应；傅继阳用人工神经网络方法预测了大跨屋盖上的平均风压特性。

对于本章的结构表面风压预测，人工神经网络也能通过对有限测点风压信息的学习来预测未知点处的风压信息，事实也证明了其预测的准确性，具体的预测过程和结果见5.4 节。

5.1.4　主要研究内容

图 5-2 所示为上海天文馆 3D 模型，是一复杂体型大跨度屋盖结构。

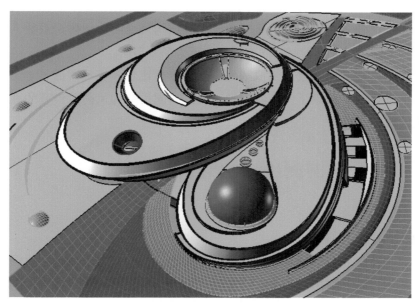

图 5-2　上海天文馆 3D 模型

上海天文馆建筑面积 38 000m²，建成后将成为全球建筑面积最大的天文馆。对于这种体量大且外形复杂的空间大跨结构，风荷载是其结构设计的控制荷载，而现有的结构风荷载规范显然无法满足此类结构的风荷载计算，因此通过物理风洞试验和数值风洞模拟方法来研究该建筑物的风荷载分布特性对其结构抗风设计具有十分重要的指导意义。

通过前面的综述，可以发现目前国内外对大跨度建筑结构的抗风研究还没有形成一套系统的研究方法。尤其是对于结构形式复杂且带有悬挑的结构抗风研究极为有限。本章的主要目的是结合数值模拟方法、刚性风洞测压试验以及神经网络模拟方法深入研究上海天文馆屋盖结构的风荷载分布特性，总结其共性的规律，规范其抗风设计方法。

具体的研究内容如下：

（1）通过上海天文馆刚性模型测压风洞试验，研究了各典型风向角下的平均风压系数、脉动风压系数和体型系数的总体分布情况；在刚性模型风洞试验数据的基础上，研究了主场馆上屋面典型测点在不同风向角下平均风压和脉动风压的分布特性。

（2）着重研究了上海天文馆悬挑结构，把上海天文馆的悬挑部分表面分为上平屋面、边缘斜上坡屋面、边缘斜下坡屋面和下平屋面四个部分，分别研究了其上测点的平均风压系数在不同风向角下的变化规律，预测了最不利负风压可能出现的位置。

（3）通过人工神经网络模拟的方法对"已知风向角未知测点"和"已知测点未知风向角"两种情况进行了天文馆局部表面风压信息的模拟，其结果对预测最不利风压位置和最不利风向角具有指导作用。

（4）通过数值模拟方法建立上海天文馆建筑的几何模型并对建筑及其周边建立空间的流场区域划分网格，从而数值求解不同风向角下建筑周围的流场分布；共模拟了 12 个不同风向角工况，并分别给出每个风向角下空间结构表面的分块体型系数，供结构的整体风荷载计算采用，以及流场对应的速度场、压力场分布图。

（5）对风洞试验结果和数值模拟结果进行了分析比较，相互印证了对天文馆风压分布规律总结的准确性，讨论了两者的差异，为提高同类结构风荷载研究的准确性和精度提供了相关的数据依据。

5.2 刚性模型风洞测压试验

5.2.1 风洞试验

5.2.1.1 风洞试验设备

（1）风洞。此次风洞试验是在边界层风洞中进行的，该大气边界层风洞是一座竖向回流式低速风洞，试验段尺寸为 4m 宽、3m 高、14m 长。在试验段底板上的大转盘直径为 3.8m。试验风速范围在 1.0～35m/s 连续可调。流场性能良好，试验区流场的速度不均匀性小于 2%、湍流度小于 2%、平均气流偏角小于 0.5°。

（2）测量系统。此次风洞试验使用了两套测量系统。

① 风速测量系统。试验流场的参考风速是用皮托管和微压计来测量和监控的。大气边界层模拟风场的调试和测定是用丹麦 DANTEC 公司的 streamline 热线／热膜风速仪、A/D 板、PC 机和专用软件组成的系统来测量。热膜探头事先已在空风洞中仔细标定。该系统可以用来测量风洞流场的平均风速、风速剖面、湍流度以及脉动风功率谱等数据。

② 风压测量、记录及数据处理系统。由美国 Scanivalve 扫描阀公司的量程分别为254mm 和 508mm 水柱的 DSM3000 电子式压力扫描阀系统、PC 机，以及自编的信号采集及数据处理软件组成风压测量、记录及数据处理系统，如图 5-3 所示。

图 5-3　测压试验仪器及数据采集系统

5.2.1.2　试验概况

（1）试验模型。考虑到实际建筑物和风场模拟情况，刚体测压模型的几何缩尺比确定为 1：150。模型与实物在外形上保持几何相似，主体结构用有机玻璃板和 ABS 板制成，具有足够的强度和刚度，在试验风速下不发生变形，并且不出现明显的振动现象，以保证压力测量的精度。周边建筑通过塑料 ABS 板等材料制作实现。刚性模型如图 5-4 所示。

（2）测点布置。上海天文馆建筑外形复杂，大致可以按空间曲面分成 10 个分区，分区编号基本按从上到下，先主馆再副馆的原则，如 1～5 号分区依次代表主馆的倒转穹顶和新月形凸起外表面、圆形凸起上表面、主场馆其余上表面、主场馆外檐下表面、悬挑部分下表面及基座立面；6 号分区代表圆洞天窗表面；7～10 号分区则依次

图 5-4　风洞试验模型

为副馆上表面、副馆上层外檐表面、副馆步行道和下层外檐表面、球幕影院及附属立面。

根据分区表面变化情况，整个模型按一定密度布置了 435 个测点，保证各立面不同位置，尤其是拐角、形状突变处的表面风压的测取。图 5-5 给出了 1～10 号分区及其测点布置。

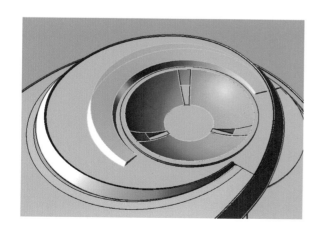

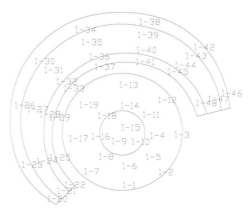

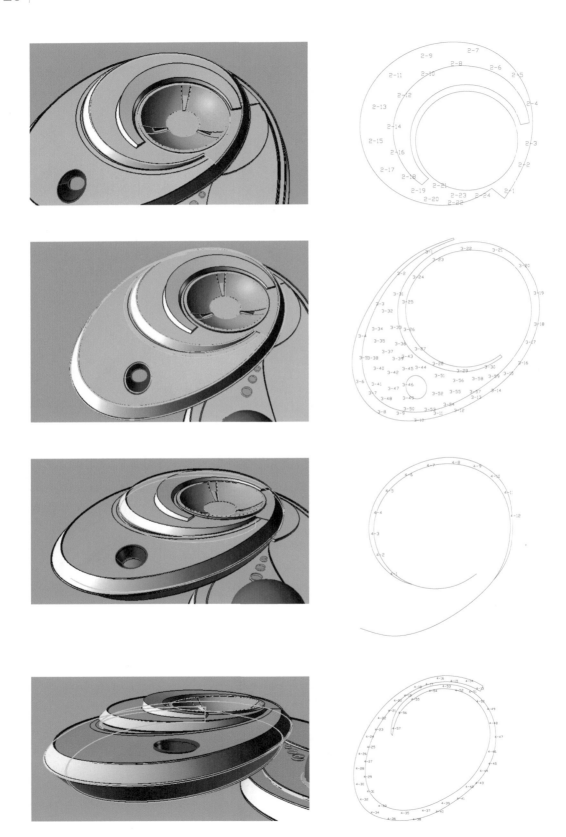

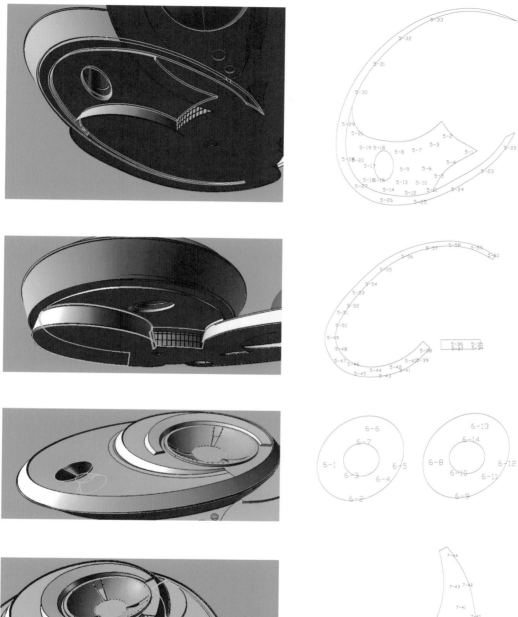

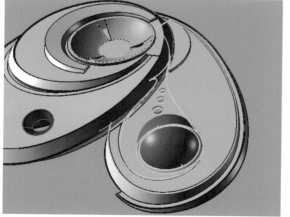

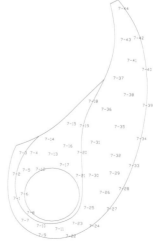

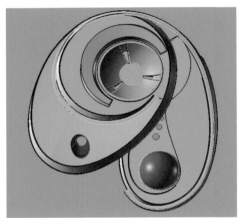

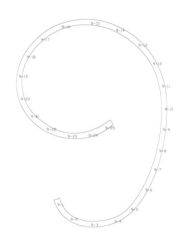

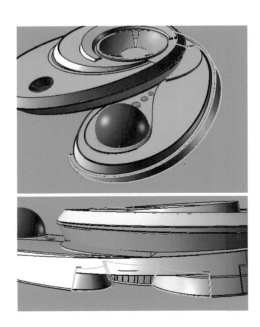

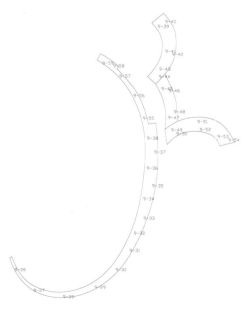

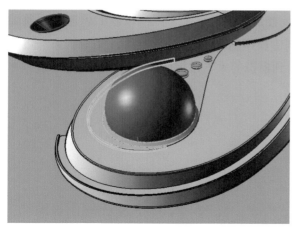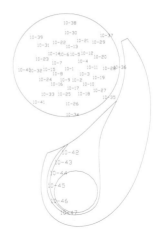

图 5-5　上海天文馆分区及测点布置示意

（3）试验工况。刚性模型风洞测压试验中，每个风向角对应一个工况。风向角沿主场馆的长轴方向，大致从北往南吹定义为 0°，风向角按顺时针方向增加，试验风向角间隔取为 15°，从 0°～360° 共 24 个方向角，也即 24 个工况。试验的方位及风向角定义如图 5-6 所示。

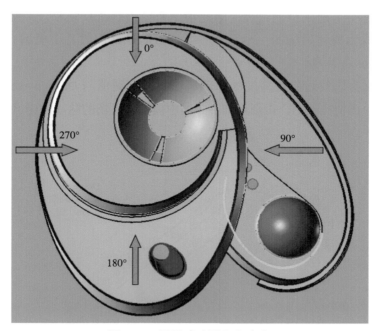

图 5-6　风洞试验风向角定义

5.2.1.3　风场模拟

根据建筑物周围数千米范围内的建筑环境，确定了本试验的大气边界层流场模拟为 A 类地貌风场，确定了本试验的大气边界层流场模拟为 A 类地貌风场。通过在风洞试验段入口处设置尖塔和粗糙元素等湍流发生装置，使流场满足了风洞试验的风速剖面及湍流度沿高度分布的要求。图 5-7 所示为风洞中模拟的 1：150 缩尺比、A 类地貌大气边界层流场的平均风速和紊流度剖面图，可以看到模拟的大气边界层流场符合规范要求。

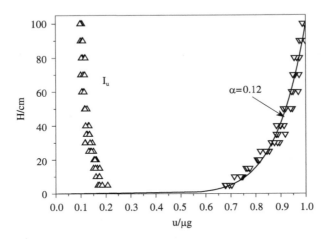

图 5-7　风洞中模拟的 A 类地貌平均风速和紊流度剖面图

大气湍流是一个随机脉动过程，因此功率密度谱这个反映来流风能量在频域内分布的函数，就成为描述风场的一个重要参数，目前最常用的几个模型有 Davenport 谱、Karman 谱、Kaimal 谱等。

图 5-8 所示为风洞边界层高度的脉动风功率谱实测值与 Davenport 谱、Karman 谱、Kaimal 谱的理论谱值比较图。由图可知，风洞中模拟的风场的脉动风速谱与 Davenport 谱非常吻合。

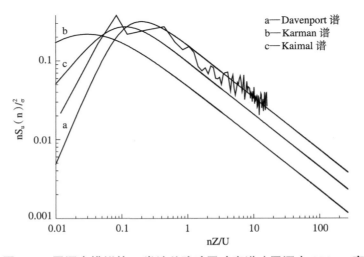

图 5-8　风洞中模拟的 A 类地貌脉动风功率谱（风洞中 100cm 高度）

5.2.1.4 试验数据处理方法

此次测压试验风速为 12m/s。测压信号采样频率为 300Hz，每个测点采样样本总长度为 9 000 个数据。本次试验采样时间设为 20s，对每个测点在每个风向角下都记录了 6 000 个数据的风压时域信号，加上所采集的参考点总压和静压的数据，共记录了约 1 亿个数据。

试验中风压符号约定为压力作用向测量表面（压力）为正，而作用离测量表面（吸力）为负。各测点的风压系数计算方法按下列公式给出

$$C_{pi} = \frac{P_i - P_\infty}{P_0 - P_\infty} \tag{5-1}$$

式中：C_{pi} 为测点 i 处的风压系数；P_i 为作用在测点 i 处的压力；P_0 和 P_∞ 分别是试验时参考高度处的总压和静压。

然后，按下式把所有直接测得的风压系数 C_{pi} 换算成以参考高度处的风压为参考风压的风压系数 C_p，即

$$C_p = (Z_i/H_G)^{2\alpha} C_{pi} = (Z_i/350)^{0.32} C_{pi} \tag{5-2}$$

式中：Z_i 为第 i 个测点对应的实际结构的高度。C_p 可以是平均风压系数，也可以是极大或极小风压系数。

本试验的风压系数参考高度取为梯度风高度，参考风压为梯度高度处的风压。50 年重现期下基本风压取为 0.55kPa，梯度风高度风压对应为 1.716kPa；100 年重现期下基本风压取为 0.60kPa，梯度风高度风压对应为 1.872kPa。

对试验数据进行统计分析，可以获得各测点在 24 个风向角下对应的平均风压系数和脉动风压系数的根方差 $C_{Pmean,i}$、$C_{Prms,i}$ 和极值风压系数 $C_{P\max,i}$、$C_{P\min,i}$。极值风压系数 $C_{P\max,i}$、$C_{P\min,i}$ 和平均风压系数 $C_{Pmean,i}$ 一般有如下关系

$$C_{P\max} = C_{Pmean} + kC_{Prms}, \quad C_{P\min} = C_{Pmean} - kC_{Prms}$$

式中：C_{Pmean} 为测点的平均风压系数；C_{Prms} 为测点脉动风压根方差系数；k 为峰值因子。

在本试验中取 $k = 3.5$，这样，根据概率统计理论，在正态分布假设下瞬时风压系数介于 $C_{P\max,i}$ 和 $C_{P\min,i}$ 之间的保证率约为 99.95%。

最后，为了便于结构设计并与现行规范进行比较，可将风洞试验所得的风压系数转换为相应的体型系数。由于上海天文馆的表面形状过于复杂多变，因此直接以测点的点体型系数代替分块体型系数。

根据《建筑结构荷载规范》和试验测得的各测点的平均风压系数 $C_{Pmean,i}$，可容易地换算得到各测点的点体型系数 μ_{si} 为

$$\mu_{si} = C_{Pmean,i} \times \left(\frac{300}{Z_i}\right)^{0.24} \tag{5-3}$$

5.2.2 风洞试验结果分析

5.2.2.1 风压系数分布特性

（1）平均风压系数分析。对数据处理后的试验结果进行分析，发现上海天文馆表面结构主要受负风压，1、2、3、7、10号分区（对应主副馆上表面和球幕影院表面）的整体负风压明显偏大，从第一节的屋盖破坏形式可知，屋盖破坏常为屋面板被吸起或卷走，因此屋盖在风荷载下的负风压分布是研究的重点。

表 5-1 列出了各测点的最大平均负风压系数和部分测点最大平均负风压系数的发生风向角。

表 5-1 各测点最大平均负风压系数统计表

点号	块号									
	1	2	3	4	5	6	7	8	9	10
1	−0.49	−0.65	−0.49	−0.57	−0.19	−0.46	−0.46	−0.34	−0.46	−0.85（165°）
2	−0.45	−0.70（300°）	−0.41	−0.52	−0.24	−0.45	−0.52	−0.34	−0.50	−0.81
3	−0.09	−0.69（315°）	−0.34	−0.47	−0.34	−0.51	−0.65（150°）	−0.37	−0.49	−0.72
4	−0.51	−0.60	−0.38	−0.44	−0.39	−0.49	−0.55	−0.36	−0.56	−0.75
5	−0.39	−0.68	−0.39	−0.50	−0.33	−0.41	−0.59	−0.35	−0.58	−0.83
6	−0.43	−0.65	−0.41	−0.52	−0.32	−0.44	−0.44	−0.35	−0.49	−0.85
7	−0.38	−0.59	−0.30	−0.61	−0.45	−0.45	−0.45	−0.35	−0.43	−0.96（150°）
8	−0.37	−0.68	−0.37	−0.58	−0.39	−0.39	−0.45	−0.35	−0.43	−0.91（150°）
9	−0.38	−0.60	−0.30	−0.52	−0.45	−0.36	−0.48	−0.44	−0.48	−0.85
10	−0.47	−0.67	−0.32	−0.51	−0.37	−0.38	−0.57	−0.48	−0.51	−0.74
11	−0.42	−0.62	−0.39	−0.48	−0.39	−0.36	−0.50	−0.50	−0.49	−0.55
12	−0.50	−0.67	−0.42	−0.46	−0.37	−0.39	−0.57	−0.55	−0.50	−0.65
13	−0.40	−0.67	−0.28	−0.60	−0.36	−0.41	−0.55	−0.53	−0.59	−0.79
14	−0.45	−0.55	−0.34	−0.58	−0.41	−0.39	−0.46	−0.54	−0.63	−0.88（165°）

（续表）

点号	块号									
	1	2	3	4	5	6	7	8	9	10
15	−0.40	−0.57	−0.37	−0.58	−0.35	—	−0.45	−0.53	−0.56	−0.60
16	−0.31	−0.48	−0.37	−0.60	−0.26	—	−0.46	−0.45	−0.52	−0.77
17	−0.32	−0.55	−0.32	−0.54	−0.34	—	−0.51	−0.46	−0.49	−0.88 (165°)
18	−0.35	−0.43	−0.51	−0.55	−0.31	—	−0.45	−0.41	−0.50	−0.69
19	−0.33	−0.47	−0.50	−0.50	−0.50	—	−0.47	−0.41	−0.55	−0.56
20	−0.45	−0.52	−0.51	−0.49	−0.31	—	−0.47	−0.43	−0.56	−0.58
21	−0.40	−0.54	−0.40	−0.46	−0.42	—	−0.46	−0.46	−0.47	−0.76
22	−0.56	−0.55	−0.50	−0.43	−0.36	—	−0.49	−0.45	−0.44	−0.68
23	−0.59	−0.55	−0.52	−0.45	−0.36	—	−0.49	−0.46	−0.54	−0.55
24	−0.46	−0.50	−0.45	−0.41	−0.32	—	−0.48	—	−0.47	−0.74
25	−0.46	—	−0.47	−0.48	−0.42	—	−0.47	—	−0.51	−0.84
26	−0.73 (255°)	—	−0.28	−0.41	−0.28	—	−0.44	—	−0.47	−0.64
27	−0.74 (105°)	—	−0.49	−0.50	−0.39	—	−0.42	—	−0.51	−0.51
28	−0.47	—	−0.37	−0.39	−0.50	—	−0.38	—	−0.50	−0.55
29	−0.50	—	−0.33	−0.51	−0.33	—	−0.43	—	−0.46	−0.78
30	−0.69 (315°)	—	0.06	−0.42	−0.36	—	−0.46	—	−0.44	−0.57
31	−0.75 (105°)	—	−0.26	−0.43	−0.48	—	−0.45	—	−0.46	−0.53
32	−0.48	—	−0.50	−0.41	−0.48	—	−0.42	—	−0.41	−0.70
33	−0.41	—	−0.34	−0.40	−0.41	—	−0.45	—	−0.40	−0.77
34	−0.78 (300°)	—	−0.37	−0.39	−0.11	—	−0.51	—	−0.40	−0.56
35	−0.76 (60°)	—	−0.60	−0.42	−0.19	—	−0.39	—	−0.40	−0.50

（续表）

点号	块号									
	1	2	3	4	5	6	7	8	9	10
36	−0.46	—	−0.25	−0.35	−0.21	—	−0.43	—	−0.45	−0.52
37	−0.36	—	−0.47	−0.55	−0.22	—	−0.46	—	−0.43	−0.62
38	−0.68 （300°）	—	−0.57	−0.41	−0.22	—	−0.49	—	−0.45	−0.41
39	−0.79 （60°）	—	−0.14	−0.63	−0.32	—	−0.43	—	−0.46	−0.48
40	−0.44	—	−0.53	−0.54	−0.43	—	−0.45	—	−0.48	−0.68
41	−0.45	—	−0.42	−0.47	−0.53	—	−0.50	—	−0.46	−0.65
42	−0.39	—	−0.36	−0.50	−0.36	—	−0.55	—	−0.45	−0.54
43	−0.74 （0°）	—	−0.34	−0.45	−0.31	—	−0.49	—	−0.46	−0.39
44	−0.49	—	−0.47	−0.43	−0.35	—	−0.58	—	−0.46	−0.38
45	−0.45	—	−0.43	−0.43	−0.46	—	—	—	−0.48	−0.44
46	−0.50	—	−0.30	−0.45	−0.51	—	—	—	−0.47	−0.54
47	−0.71 （315°）	—	−0.49	−0.46	/	—	—	—	−0.48	−0.57
48	−0.59	—	−0.58	−0.50	−0.45	—	—	—	−0.49	—
49	—	—	−0.38	−0.55	−0.38	—	—	—	−0.48	—
50	—	—	−0.64 （195°）	−0.52	−0.38	—	—	—	−0.46	—
51	—	—	−0.43	−0.59	−0.47	—	—	—	−0.47	—
52	—	—	−0.26	−0.64	−0.37	—	—	—	−0.47	—
53	—	—	−0.64 （240°）	−0.66	−0.47	—	—	—	−0.54	—
54	—	—	−0.62 （240°）	−0.60	−0.43	—	—	—	−0.55	—
55	—	—	−0.52	−0.58	−0.49	—	—	—	−0.48	—
56	—	—	−0.39	−0.56	−0.53	—	—	—	−0.51	—

（续表）

点号	块号									
	1	2	3	4	5	6	7	8	9	10
57	—	—	−0.56	−0.50	−0.53	—	—	—	−0.53	—
58	—	—	−0.34	—	−0.48	—	—	—	−0.53	—
59	—	—	−0.46	—	−0.48	—	—	—	−0.55	—
60	—	—	—	—	−0.51	—	—	—	—	—

由表 5-1 可知，1 号分区最大负风压主要出现在月牙形凸起表面迎风边缘，对应的风向角恰好是迎流方向，说明风压在建筑表面角点和外形突变处具有较大分布。2 号分区的最大负风压值出现在测点 2-3 附近，对应风向角为 −300°，不是迎流面方向，说明该测点前的复杂外形对气流产生了影响，使其在 2-3 点处附近发生了旋涡的脱落。3 号分区由于在 −60° ～ +60° 风向角范围内有 1 号、2 号分区的遮挡，故最不利风向角一般出现在 150° ～ 240° 风向角间，最大负风压位置出现在边缘位置，其规律与 1 号分区相似。5 号分区的负风压明显偏小，因为有一部分测点迎风面接近垂直，来流作用下会产生正压。3 号、7 号分区内部测点风压系数变化平缓，说明风压在建筑表面变化平缓的地方分布较为均匀。10 号区域对应天文馆的球幕影院部分，从试验结果看，这部分的负风压系数远远超过其他分区，这提醒人们在设计该部分时应格外注意负风压对其结构表面的影响；10 号分区的最不利风向角出现在 150° 附近。

（2）脉动风压系数分析。脉动风压系数反映紊流的分布情况，一般在外形突变处，如角点、迎风面边缘等部分具有较大值，这与平均风压系数的分布特性相似，在这里就不赘述。

试验结果表明 10 号分区和 1 号分区屋面边缘等处脉动风压系数较大，也证明了前面的观点。

由脉动风压系数和平均风压系数可以得到各测点在 24 个风向角下的极值风压系数。对于每个测点的极值风压值，找出 24 个风向角中的一个最大值和一个最小值，分别称为该测点的最大极值风压和最小极值风压，可用于玻璃幕墙等围护结构设计。在 50 年重现期下，24 个风向角下建筑表面测点的前 20 个最小极值风压值、最大极值风压值分别列于表 5-2 和表 5-3。

表 5-2　24 个风向角下上海天文馆表面的前 20 个最小极值风压值 （kPa，A 类风场）

序号	工况	风场类型	测点号	50 年重现期
1	Degree150	A	10_007	−2.52
2	Degree150	A	10_008	−2.39
3	Degree030	A	01_039	−2.31
4	Degree165	A	10_017	−2.29
5	Degree165	A	10_005	−2.28
6	Degree105	A	01_031	−2.27
7	Degree165	A	10_001	−2.27
8	Degree165	A	10_014	−2.26
9	Degree060	A	01_035	−2.24
10	Degree105	A	01_027	−2.22
11	Degree165	A	10_002	−2.22
12	Degree165	A	10_009	−2.20
13	Degree165	A	10_006	−2.20
14	Degree195	A	03_050	−2.13
15	Degree300	A	01_034	−2.13
16	Degree165	A	10_025	−2.13
17	Degree165	A	10_013	−2.12
18	Degree165	A	10_004	−2.10
19	Degree165	A	10_029	−2.09
20	Degree150	A	10_003	−2.02

表 5-3　24 个风向角下上海天文馆表面的前 20 个最大极值风压值（kPa，A 类风场）

序号	工况	风场类型	测点号	50 年重现期
1	Degree180	A	09_006	1.28
2	Degree240	A	03_013	1.01
3	Degree075	A	05_054	0.88
4	Degree105	A	05_049	0.86

（续表）

序号	工况	风场类型	测点号	50 年重现期
5	Degree240	A	03_012	0.86
6	Degree135	A	04_030	0.85
7	Degree135	A	04_028	0.84
8	Degree285	A	10_026	0.83
9	Degree060	A	04_009	0.81
10	Degree090	A	05_052	0.80
11	Degree060	A	04_018	0.80
12	Degree165	A	04_032	0.80
13	Degree195	A	03_030	0.79
14	Degree105	A	04_026	0.79
15	Degree195	A	10_040	0.79
16	Degree015	A	10_028	0.78
17	Degree255	A	03_014	0.78
18	Degree240	A	04_001	0.78
19	Degree135	A	05_048	0.78
20	Degree180	A	04_024	0.77

通过表 5-2 和表 5-3 对比就可以发现，平均风压系数中的最大值往往就是最大极值风压系数。

5.2.2.2　上表面典型测点的风压系数随风向角的变化

（1）典型测点布置。大量研究表明，大跨度屋盖结构的上表面往往受到较大的负压力作用，在极端条件下屋面由于吸力而被掀起。因此在天文馆上表面布置了沿主场馆长、短轴的典型测点（图 5-9），用以研究结构上表面风压系数的分布特性。图 5-10 所示为典型测点的平均风压系数随风向角的变化曲线。图 5-11 所示为典型测点的脉动风压系数根方差随风向角的变化曲线。

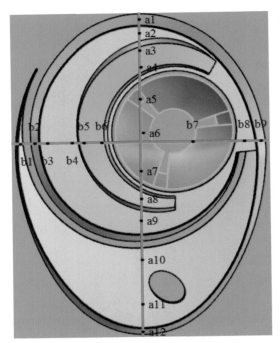

图 5-9 典型测点示意

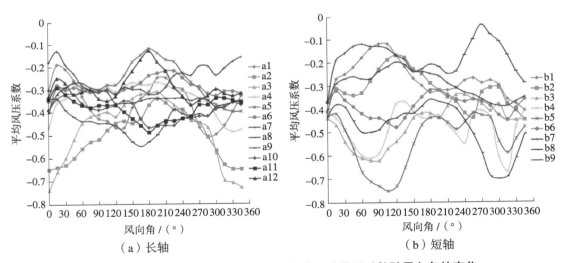

（a）长轴 （b）短轴

图 5-10 上表面长轴和短轴典型测点的平均风压系数随风向角的变化

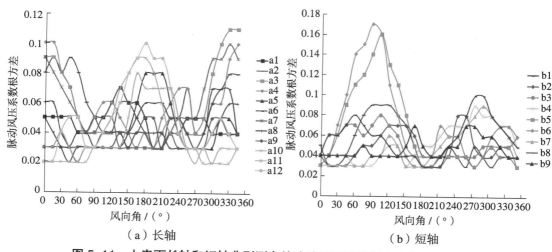

图 5-11 上表面长轴和短轴典型测点的脉动风压系数根方差与风向角关系

（2）上表面风压系数分布规律。从图 5-10 可以看出屋面上的风荷载以吸力为主，最大负风压系数接近 -0.8，较大的吸力主要分布在迎风的边缘位置，如长轴上的 a2、a3 点在 0° 角下和短轴上的 b3、b5、b8 在 90° 或 270° 角下均有较大的负风压系数。由图 5-9 中的风压分布规律可知，这是由于来流在这些位置发生了分离，在其上表面形成旋涡脱落，从而产生了较大负压。而如 a5、a6、a7、b7 这些内部点由于来流方向结构遮挡和外形变化平缓等原因，风压系数普遍偏小。

由图 5-11 则可以发现附近表面外形变化剧烈的测点在迎风角下（如 a2、a3、a12 在 0° 或 180° 角下，b5、b6、b8 在 90° 或 270° 角下）具有明显较大的脉动风压值，这说明在气流分离区的风压脉动非常剧烈，因此，在平均风压系数较大的位置脉动风压往往也比较大。这说明脉动风压系数和平均风压系数的分布规律具有相似性，故平均风压的分布特性往往也能体现出极值风压系数分布的一些规律。

5.2.2.3 体型系数分析

利用 5.2.1 节中的方法，可以得到各测点在 24 个风向角下的体型系数。对这些体型系数进行极大极小值统计发现，极小体型系数主要分布在屋面突起、形状突变处（如 10 号分区顶部、1 号分区屋面边缘），上表面的体型系数比下表面的大；极大体型系数则主要分布在倾角较大的立面上（如 4、5 号分区）。最小体型系数出现在 10-7 测点（球幕影院顶部），为 -1.52；最大体型系数出现在 9-6 测点（侧边坡道），为 +0.8，与风压系数分布具有相似性。根据《建筑结构荷载规范》表 8.3.1 第 36 项可知，对于球形屋盖顶部体型系数的规范取值为 -1，可见最小体型系数已远超规范取值；又根据最接近侧边坡道类型的第 24 项知，坡道迎风面的体型系数规范取值为 0.9，可见最大体型系数满足规范要求。

表 5-4 和表 5-5 分别列出了上海天文馆各测点在所有风向角中的最小体型系数、最大体型系数。

表 5-4　上海天文馆各测点的体型系数在所有风向角中的最小值

点号	块号									
	1	2	3	4	5	6	7	8	9	10
1	−0.76	−1.01	−0.77	−0.89	−0.30	−0.71	−0.71	−0.53	−0.73	−1.33
2	−0.71	−1.11	−0.65	−0.81	−0.38	−0.71	−0.82	−0.54	−0.79	−1.27
3	−0.14	−1.09	−0.53	−0.75	−0.53	−0.81	−1.03	−0.58	−0.77	−1.13
4	−0.79	−0.94	−0.59	−0.68	−0.61	−0.76	−0.87	−0.56	−0.89	−1.18
5	−0.62	−1.08	−0.62	−0.80	−0.53	−0.66	−0.94	−0.55	−0.82	−1.32
6	−0.68	−1.04	−0.64	−0.83	−0.51	−0.70	−0.70	−0.56	−1.33	−1.35
7	−0.61	−0.93	−0.47	−0.97	−0.72	−0.72	−0.71	−0.56	−0.68	−1.52
8	−0.57	−1.07	−0.58	−0.91	−0.61	−0.60	−0.70	−0.55	−0.67	−1.41
9	−0.60	−0.95	−0.48	−0.82	−0.71	−0.56	−0.75	−0.68	−0.75	−1.34
10	−0.75	−1.05	−0.51	−0.80	−0.59	−0.60	−0.89	−0.75	−0.79	−1.17
11	−0.66	−0.97	−0.62	−0.75	−0.61	−0.56	−0.79	−0.78	−0.77	−0.87
12	−0.79	−1.05	−0.67	−0.72	−0.58	−0.61	−0.90	−0.87	−0.78	−1.02
13	−0.63	−1.05	−0.44	−0.94	−0.56	−0.64	−0.87	−0.84	−0.93	−1.24
14	−0.71	−0.86	−0.53	−0.91	−0.65	−0.62	−0.72	−0.85	−0.99	−1.38
15	−0.64	−0.90	−0.58	−0.92	−0.55	—	−0.71	−0.84	−0.89	−0.99
16	−0.49	−0.76	−0.58	−0.95	−0.42	—	−0.73	−0.72	−0.83	−1.22
17	−0.50	−0.87	−0.52	−0.86	−0.53	—	−0.81	−0.73	−0.78	−1.40
18	−0.55	−0.67	−0.80	−0.87	−0.48	—	−0.70	−0.64	−0.78	−1.07
19	−0.51	−0.74	−0.78	−0.78	−0.79	—	−0.74	−0.64	−0.86	−0.88
20	−0.72	−0.83	−0.81	−0.77	−0.49	—	−0.75	−0.69	−0.88	−0.93
21	−0.63	−0.84	−0.62	−0.72	−0.66	—	−0.72	−0.72	−0.73	−1.19
22	−0.87	−0.87	−0.78	−0.68	−0.56	—	−0.77	−0.70	−0.69	−1.06
23	−0.93	−0.87	−0.81	−0.70	−0.57	—	−0.78	−0.72	−0.85	−0.87
24	−0.72	−0.79	−0.72	−0.65	−0.51	—	−0.76	—	−0.75	−1.16

（续表）

点号	块号									
	1	2	3	4	5	6	7	8	9	10
25	−0.73	—	−0.74	−0.76	−0.67	—	−0.75	—	−0.82	−1.34
26	−1.15	—	−0.45	−0.66	−0.45	—	−0.71	—	−0.74	−1.01
27	−1.17	—	−0.77	−0.79	−0.62	—	−0.67	—	−0.80	−0.80
28	−0.74	—	−0.57	−0.60	−0.77	—	−0.59	—	−0.78	−0.86
29	−0.78	—	−0.51	−0.81	−0.52	—	−0.67	—	−0.72	−1.22
30	−1.10	—	0.10	−0.66	−0.57	—	−0.73	—	−0.70	−0.90
31	−1.20	—	−0.42	−0.68	−0.77	—	−0.71	—	−0.74	−0.85
32	−0.77	—	−0.79	−0.65	−0.76	—	−0.67	—	−0.66	−1.11
33	−0.66	—	−0.54	−0.64	−0.65	—	−0.72	—	−0.64	−1.22
34	−1.25	—	−0.59	−0.62	−0.17	—	−0.82	—	−0.64	−0.90
35	−1.21	—	−0.95	−0.67	−0.30	—	−0.63	—	−0.66	−0.80
36	−0.73	—	−0.40	−0.56	−0.34	—	−0.69	—	−0.72	−0.83
37	−0.59	—	−0.77	−0.89	−0.35	—	−0.75	—	−0.71	−1.00
38	−1.06	—	−0.89	−0.63	−0.35	—	−0.77	—	−0.71	−0.65
39	−1.23	—	−0.22	−0.99	−0.50	—	−0.67	—	−0.72	−0.75
40	−0.69	—	−0.84	−0.85	−0.67	—	−0.71	—	−0.76	−1.06
41	−0.70	—	−0.66	−0.74	−0.83	—	−0.79	—	−0.72	−1.02
42	−0.62	—	−0.56	−0.79	−0.57	—	−0.88	—	−0.72	−0.85
43	−1.18	—	−0.54	−0.71	−0.49	—	−0.78	—	−0.73	−0.62
44	−0.78	—	−0.75	−0.68	−0.55	—	−0.92	—	−0.73	−0.61
45	−0.70	—	−0.68	−0.68	−0.72	—	—	—	−0.75	−0.69
46	−0.78	—	−0.47	−0.70	−0.80	—	—	—	−0.75	−0.85
47	−1.13	—	−0.78	−0.73	−1.18	—	—	—	−0.77	−0.91
48	−0.92	—	−0.91	−0.78	−0.71	—	—	—	−0.77	—
49	—	—	−0.60	−0.86	−0.59	—	—	—	−0.76	—
50	—	—	−1.01	−0.82	−0.60	—	—	—	−0.72	—

（续表）

点号	块号									
	1	2	3	4	5	6	7	8	9	10
51	—	—	−0.68	−0.93	−0.73	—	—	—	−0.74	—
52	—	—	−0.41	−1.01	−0.59	—	—	—	−0.74	—
53	—	—	−1.01	−1.05	−0.74	—	—	—	−0.85	—
54	—	—	−0.98	−0.96	−0.68	—	—	—	−0.88	—
55	—	—	−0.82	−0.91	−0.76	—	—	—	−0.75	—
56	—	—	−0.62	−0.89	−0.83	—	—	—	−0.80	—
57	—	—	−0.90	−0.79	−0.85	—	—	—	−0.85	—
58	—	—	−0.53	—	−0.76	—	—	—	−0.83	—
59	—	—	−0.73	—	−0.75	—	—	—	−0.87	—
60	—	—	—	—	−0.80	—	—	—	—	—

最小值：−1.52（测点号：10-7，风向角：150°，风场类型：A）。

表5-5　上海天文馆各测点的点体型系数在所有风向角中的最大值

点号	块号									
	1	2	3	4	5	6	7	8	9	10
1	−0.26	−0.52	−0.16	−0.08	0.10	−0.10	−0.38	−0.02	−0.19	−0.85
2	−0.31	−0.56	−0.20	−0.07	0.07	−0.17	−0.32	−0.02	−0.16	−0.75
3	0.11	−0.56	−0.16	−0.17	0.07	−0.49	−0.15	0.02	−0.14	−0.77
4	−0.47	−0.54	−0.34	−0.04	−0.11	−0.49	−0.27	−0.03	−0.18	−0.65
5	−0.19	−0.54	−0.43	−0.05	0.18	−0.52	−0.38	−0.06	−0.18	−0.65
6	−0.24	−0.53	−0.42	−0.01	0.10	−0.54	−0.26	−0.18	0.80	−0.72
7	−0.09	−0.55	−0.23	0.02	0.02	−0.54	−0.40	−0.12	−0.30	−0.88
8	−0.18	−0.54	−0.21	0.00	−0.02	−0.29	−0.14	−0.16	−0.40	−0.84
9	−0.30	−0.52	−0.27	0.03	−0.06	0.00	−0.39	−0.12	−0.48	−0.83
10	−0.45	−0.58	0.00	−0.19	0.00	0.04	−0.04	−0.13	−0.46	−0.56
11	−0.27	−0.54	−0.28	−0.47	0.01	−0.10	−0.34	−0.09	−0.36	−0.65
12	−0.35	−0.58	0.07	−0.26	−0.05	0.03	−0.40	−0.11	−0.22	−0.40

（续表）

点号	块号									
	1	2	3	4	5	6	7	8	9	10
13	−0.19	−0.57	0.13	−0.04	0.02	−0.37	−0.29	−0.13	−0.19	−0.25
14	−0.37	−0.40	0.00	0.01	−0.16	−0.29	−0.16	−0.13	−0.22	−0.46
15	−0.37	−0.53	−0.28	−0.05	−0.06	—	−0.20	−0.10	−0.17	−0.60
16	−0.27	−0.39	−0.06	0.04	0.08	—	−0.29	−0.14	−0.19	−0.58
17	−0.21	−0.54	−0.24	−0.04	0.03	—	−0.34	−0.19	−0.34	−0.55
18	−0.35	−0.43	−0.51	0.06	0.17	—	−0.20	−0.16	−0.56	−0.26
19	−0.21	−0.55	−0.41	−0.06	−0.18	—	−0.29	−0.23	−0.53	−0.24
20	−0.33	−0.49	−0.30	0.04	0.08	—	−0.31	−0.32	−0.35	−0.17
21	−0.42	−0.53	−0.10	−0.06	0.13	—	−0.23	−0.43	−0.34	−0.09
22	−0.61	−0.50	−0.14	0.05	0.05	—	−0.42	−0.42	−0.51	−0.22
23	−0.43	−0.59	−0.14	−0.06	−0.05	—	−0.33	−0.46	−0.47	−0.39
24	−0.39	−0.37	−0.26	0.02	−0.10	—	−0.47	—	−0.46	−0.28
25	−0.41	—	−0.33	−0.06	−0.40	—	−0.38	—	−0.47	−0.22
26	−0.21	—	0.01	0.03	−0.03	—	−0.33	—	−0.22	0.05
27	−0.52	—	−0.43	−0.02	−0.11	—	−0.49	—	−0.19	−0.05
28	−0.39	—	−0.09	0.09	−0.11	—	−0.47	—	−0.15	0.01
29	−0.48	—	−0.04	−0.02	0.12	—	−0.41	—	−0.18	−0.45
30	−0.42	—	0.52	0.11	0.14	—	−0.31	—	−0.16	−0.36
31	−0.67	—	−0.13	−0.01	−0.05	—	−0.36	—	−0.18	−0.13
32	−0.51	—	−0.34	0.10	0.01	—	−0.45	—	−0.15	−0.03
33	−0.41	—	−0.30	−0.05	0.18	—	−0.47	—	−0.16	0.03
34	−0.52	—	−0.21	0.07	0.28	—	−0.47	—	−0.16	−0.12
35	−0.52	—	−0.58	−0.07	0.10	—	−0.38	—	−0.16	−0.22
36	−0.55	—	−0.14	0.02	0.16	—	−0.17	—	−0.18	−0.12
37	−0.23	—	−0.48	−0.10	0.10	—	−0.30	—	−0.17	−0.46
38	−0.50	—	−0.44	−0.06	0.10	—	−0.29	—	−0.12	−0.21

（续表）

点号	块号									
	1	2	3	4	5	6	7	8	9	10
39	−0.46	—	0.03	−0.19	0.17	—	−0.39	—	−0.15	−0.04
40	−0.44	—	−0.33	−0.32	0.18	—	−0.27	—	−0.16	−0.05
41	−0.46	—	−0.10	−0.14	−0.15	—	−0.27	—	−0.10	−0.07
42	−0.23	—	−0.31	−0.21	0.09	—	−0.12	—	−0.12	−0.18
43	−0.50	—	−0.28	−0.22	0.20	—	−0.32	—	−0.08	−0.29
44	−0.43	—	−0.50	−0.21	0.10	—	−0.26	—	−0.08	−0.35
45	−0.37	—	−0.32	−0.11	0.11	—	—	—	−0.09	−0.31
46	−0.35	—	−0.14	−0.12	0.13	—	—	—	−0.09	−0.31
47	−0.47	—	−0.45	−0.13	−0.11	—	—	—	−0.07	−0.37
48	−0.56	—	−0.19	−0.10	0.15	—	—	—	−0.10	—
49	—	—	−0.22	−0.09	0.20	—	—	—	−0.12	—
50	—	—	−0.42	−0.13	0.14	—	—	—	−0.10	—
51	—	—	−0.52	−0.09	0.08	—	—	—	−0.14	—
52	—	—	−0.12	−0.05	0.15	—	—	—	−0.10	—
53	—	—	−0.48	−0.06	0.06	—	—	—	−0.13	—
54	—	—	−0.45	−0.07	0.23	—	—	—	−0.09	—
55	—	—	−0.54	−0.06	0.06	—	—	—	−0.10	—
56	—	—	−0.37	−0.13	0.05	—	—	—	−0.07	—
57	—	—	−0.42	−0.17	0.12	—	—	—	−0.04	—
58	—	—	−0.13	—	0.21	—	—	—	−0.04	—
59	—	—	−0.14	—	0.08	—	—	—	−0.04	—
60	—	—	—	—	0.07	—	—	—	—	—

最大值：0.80（测点号：9-6，风向角：180°，风场类型：A）。

5.2.2.4　悬挑部分平均风压系数分析

　　考虑到上海天文馆存在大规模悬挑结构，在结构抗风设计时应格外引起关注，故对其进行了平均风压系数分布特性的研究。按其曲面形状，又可将悬挑结构分为上平屋面、边缘上坡面、边缘下坡面和下平屋面四个部分分别进行描述，如图 5-12 所示。

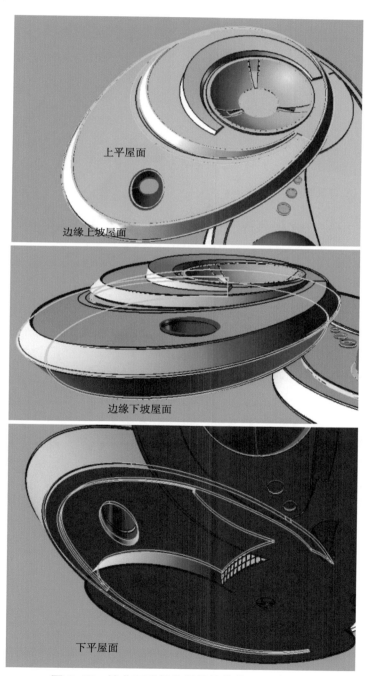

图 5-12　按曲面形状将悬挑结构分为四个部分

（1）上平屋面测点平均风压系数特性。对上平屋面典型测点在 24 个风向角下的平均风压系数进行分析，可以发现测点根据其位置可以明显地划分为两类，如图 5-13 ~ 图 5-15 所示。

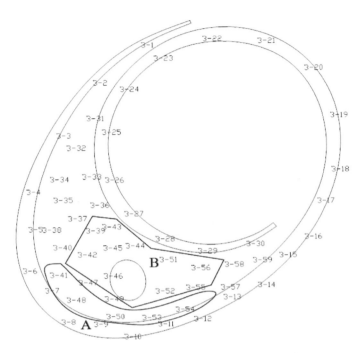

图 5-13　上平屋面边缘区域和内部区域的差异

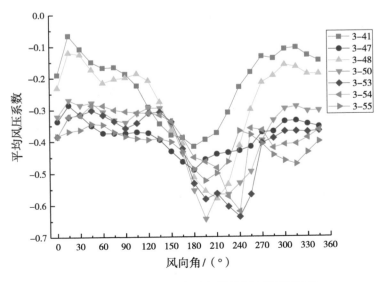

图 5-14　边缘（A）区域测点平均风压系数变化

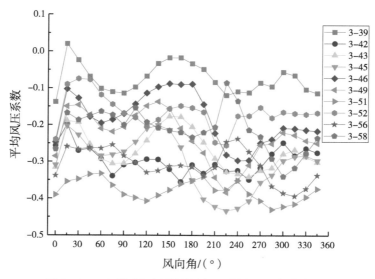

图 5-15　内部（B）区域测点平均风压系数变化

　　从图 5-13 和图 5-14 中可以发现，上平表面边缘区域各测点随风向角的变化差异较大，且各测点的变化曲线具有一定规律性，即在 0° 风向角下平均风压系数最小（绝对值，下同），而在 200° 风向角左右则达到最大负平均风压系数，其值接近 -0.7；相比较而言，如图 5-15 所示，内部测点的平均风压系数最大仅为 -0.4 左右，且变化曲线随风向角的变化差异并不是很大。

　　造成上述现象的原因，应该是气流往往在屋盖迎风面边缘发生分离，当风从 200° 角吹来时，在屋盖边缘处产生旋涡脱落，从而形成负高压，而风从 0° 角吹来时，A 区域处于下风向且由于上风向结构遮挡，导致平均风压系数较低；内部区域 B 区域的测点由于"圆洞天窗"的存在和分离气流再附着等现象，导致风压系数普遍偏低，且由于"地势"平坦，在各风向角下变化都不是很大。

　　通过以上比较可以得出的结论是，对于上平屋面，需注意其边缘处的负风压，防止其值过大。

　　（2）边缘上下坡屋面测点平均风压系数特性。边缘上下坡屋面测点的平均风压系数分布规律相似，都是当与风向角呈垂直时风压系数较小，故在一起讨论，并为了简化，只取 0°、90°、180°、270° 风向角，这样得出的曲线吻合度更好，更能体现其分布特性。如图 5-16 ～图 5-20 所示即为边缘斜下坡屋面测点的种类划分和风压系数变化规律。

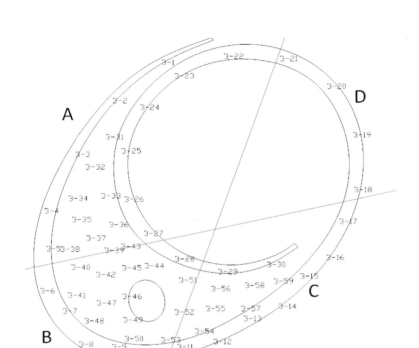

图 5-16 斜坡屋面按 0°/90°/180°/270° 迎风角大致划分的四个区域

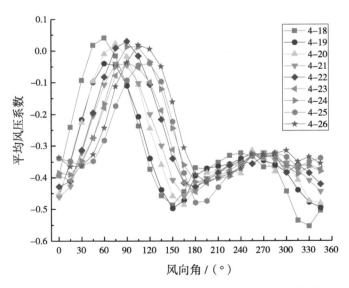

图 5-17 边缘下坡屋面 A 区域测点平均风压系数变化

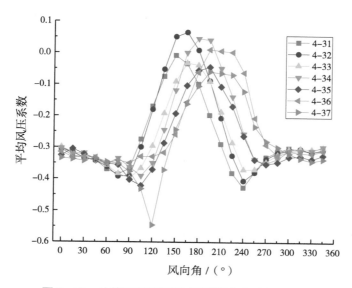

图 5-18 边缘下坡屋面 B 区域测点平均风压系数变化

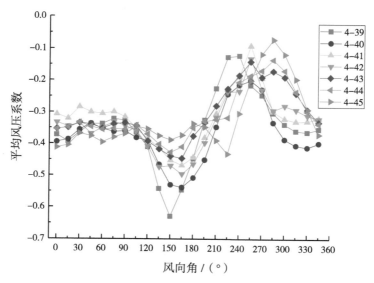

图 5-19 边缘下坡屋面 C 区域测点平均风压系数变化

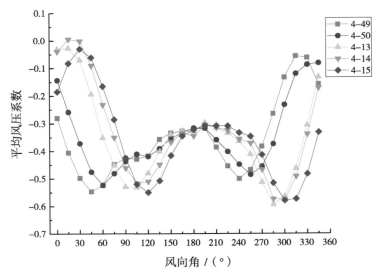

图 5-20　边缘下坡屋面 D 区域测点平均风压系数变化

由以上图可以发现，坡屋面整体平均风压系数较低，这是由于当风吹向迎风面时，坡屋面倾角使得风对坡屋面产生一个正向的压力，从而减小了负压，从图中也可以看到当风垂直吹向迎风面时，其平均风压系数绝对值最小。

（3）下平屋面测点平均风压系数特性。下平屋面各测点的平均风压系数变化规律最为一致。根据变化规律相似性可分为两个区域（图 5-21），A 区域和 B 区域的各测点的平均风压系数变化情况如图 5-22 和图 5-23 所示。

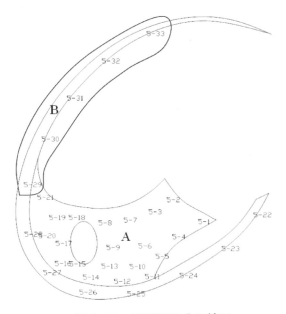

图 5-21　下平屋面分区情况

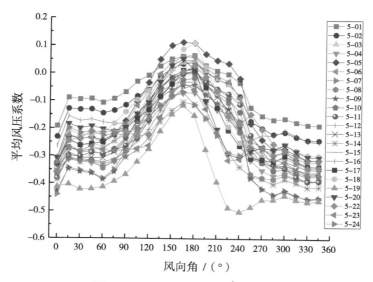

图 5-22　A 区域测点平均风压特性

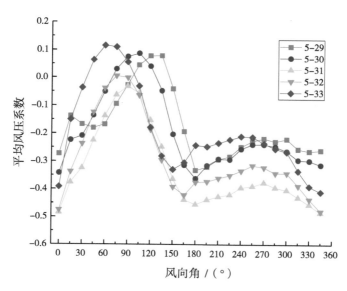

图 5-23　B 区域测点平均风压特性

如图 5-24 所示，产生这种结果的原因是悬挑下表面和旁边的结构基座和地面相当于形成了一个半封闭区域，当风从 180° 方向吹来时，风在这个区域里压缩，使得区域内的空气对下平屋面产生正压，从而导致除了左侧外边缘的测点外，其余测点普遍在 180° 时平均风压系数最小，甚至出现正值。

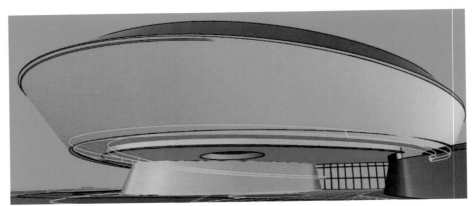

图 5-24　下表面和旁边结构、基座、地面形成了半封闭区域

5.2.2.5　风洞试验小结

通过制作 1∶150 的缩尺比模型，进行了上海天文馆刚性模型风洞测压试验研究，通过对试验数据的处理和分析，得到主要结论如下：

（1）上海天文馆表面主要以负风压为主。在球幕影院和建筑上表面迎风边缘、形状突变处的负风压明显较大。最大负风压出现在球幕影院顶部附近，对应的体型系数达到了 -1.52，远超规范中球形屋顶面的 -1.0 的规范值，在设计时应特别注意。

（2）脉动风压系数根方差体现了风压脉动的剧烈程度，往往平均风压较大的地方是气流分离区，故其脉动风压也较大，易出现极小风压。

（3）通过对上海天文馆悬挑部分的平均风压系数特性分析，得到了上平屋面、边缘上下坡屋面和下平屋面的平均风压系数随风向角变化的规律，分别可以得知在何种风向角下哪个位置易出现最不利负风压。另外，从整体上来看，边缘上下坡屋面和下平屋面的平均风压系数普遍较小，而上平屋面则会在 200° 左右风向角作用下在其边缘区域出现较大的负风压系数，需引起格外重视。

5.3　天文馆表面风压的 ANN 预测

5.3.1　人工神经网络特点及研究意义

人工神经网络由大量简单、高度互联、反映非线性本质特征的信息处理单元（神经元）组成，它尝试模仿人类的思想过程，在不完整或令人困惑的信息情况下，来解决复杂多变量和非线性问题。

人工神经网络因具有在有限数据情况下能被训练泛化的能力，自其问世以来，已被广泛应用于许多领域。近年来神经网络方法在土木工程领域已显示了很大的应用价值，被认为是一个很有发展前途的研究方向。人工神经网络是由大量简单的处理单元，以某种拓扑结构广泛相互连接而构成的复杂非线性动力学系统。它不仅能对信息进行分布并行处理，具有很强的容错性和学习联想能力，而且具有一般非线性系统的共性。神经网络这些特点非常适合解决常规方法所无法解决的抗风研究中的一些难点，如气动弹性效应、气动力的非线性、结构的非线性响应、结构参数的漂移以及结构动力学模型的不确定性等。近年来不乏神经网络方法在风工程领域成功运用的例子。黄鹏利用神经网络研究了建筑物间的风致干扰效应，傅继阳用神经网络方法预测了大跨屋盖上的平均风压特性。

对大跨屋盖结构的刚体模型进行测压风洞试验时，屋盖表面常常要布置成百甚至上千个测点，但一方面由于大多数研究机构很少有能同步测量如此大数量测点的电子扫描阀设备；另一方面测压设备本身的测点数和风向角是有限的。因此，利用神经网络方法与风洞试验的测试技术结合起来——根据风洞测压试验提供有限数据，用神经网络方法训练后泛化，即可预测大跨度屋盖表面上未知点在未知风向角下的风压特性，具有重大的研究意义。

5.3.2　BP 神经网络的基本原理

神经网络主要可分为前馈型和反馈式网络，前者有 BP 网络和半径基函数 RBFN 等，后者有 Hopfield 网络和 Boltzmann 机等。本章使用的是目前应用最广泛的 BP 神经网络，以下对该神经网络的结构和算法进行介绍。

BP 神经网络是多层前馈式人工神经网络，由输入层、隐含层和输出层组成，如图 5-25 所示。其计算过程由两部分组成：信息的正向传递与误差的反向传播。图 5-26 所示为 BP 神经网络计算流程，隐含层部分取其中第 j 个神经元为例。神经网络计算基本过程为：将输入层向量 x 用权值 ω 和阈值 b 求和得隐含层输入 s，将 s 代入传递函数 $f(\cdot)$，可得输出向量 y。

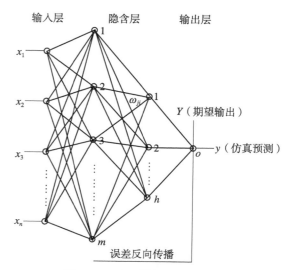

图 5-25　BP 神经网络拓扑图

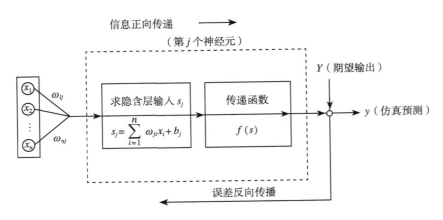

图 5-26 BP 神经网络计算流程

BP 神经网络的信息传递关系可表示为

$$y_k = f_2\left(\sum_{j=1}^{N_2} w_{jk} * f_1\left(\sum_{i=1}^{N_1} v_{ij}\, x_i + b_j\right) + b_k\right)$$

式中：x_i 和 y_k 为输入值和输出值；v_{ij} 和 w_{jk} 为输入层到隐含层、隐含层到输出层的连接权；b_j 和 b_k 为隐含层和输出层各单元的偏置值（阈值）；$f_1(\ )$ 和 $f_2(\ )$ 为隐含层和输出层各单元的转换函数。本章采用 $f(s) = \dfrac{1}{1+\mathrm{e}^{-s}}$ 作为转换函数。

误差函数定义为 $E = \sum\limits_{k=1}^{N_3}\left(y_k - o_k\right)^2$

式中：o_k 为输出单元的目标值。训练神经网络的目标是使网络实际输出与目标输出尽量一致。BP 神经网络应用最速下降法，使权值沿着误差函数的负梯度方向改变。权值改变由下式确定（批处理方式）：

输出层

$$w_{jk}(n+1) = w_{jk}(n) + \sum_{P_1=1}^{P} \delta_{jk}^{P_1} h_j^{P_1}$$

$$\delta_{jk}^{P_1} = \left(o_k^{P_1} - y_k^{P_1}\right) y_k^{P_1}\left(1 - y_k^{P_1}\right)$$

隐含层

$$v_{ij}(n+1) = v_{ij}(n) + \sum_{P_1=1}^{P} \delta_{ij}^{P_1} x_i^{P_1}$$

$$\delta_{ij}^{P_1} = \sum_{k=0}^{N_2} \delta_{jk}^{P_1} w_{jk} h_k^{P_1}\left(1 - h_k^{P_1}\right)$$

式中：P 为输入输出样本数据的总组数；n 为训练次数。

采用以上标准 BP 神经算法训练网络有收敛速度慢、容易陷入局部极小的问题，因而近年来发展了一些 BP 神经算法的改进算法，如

$$\Delta w(n) = \eta(n)\, d(n) + \alpha \Delta w(n-1)$$

式中：$d(n)$ 为误差 E 的负梯度方向；$\eta(n)$ 为学习率，当误差 E 朝小的方向变化时，$\eta(n)$ 变大，否则减小；α 为动量因子，以记忆上一时刻权的修改方向。通过学习率改变和引入动量因子，可加速收敛和防止振荡。

5.3.3　天文馆表面未知测点的平均风压系数预测

5.3.3.1　BP 神经网络结构和训练参数选择

通过前述分析可以发现，天文馆表面各个测点的风压分布特性非常复杂，而 BP 神经网络具有映射复杂非线性关系的功能，这种映射结果的精度一般可由足够的训练样本（试验数据）来保证。平均风压系数反映了屋盖表面静风压的大小。在平均风压分布的预测中，以各测点坐标 $\{x, y, z\}$ 向量为 BP 神经网络输入参数，平均风压系数 Cp 作为输出结果，对应 BP 神经网络的输入层有 3 个神经元，输出层有 1 个神经元，即该点的风压系数；隐含层有 27 个单元。

BP 神经网络的各训练参数选择尚无成熟的理论公式可用，因此在使用过程中反复调试后，得到本章 BP 神经网络各主要参数见表 5-6。

表 5-6　BP 神经网络参数

网络名称	BPNN
输入	x, y, z
输出	$Cp(t)$
网络结构	3-27-1
层间传递函数	$f(s) = \dfrac{2}{1+\mathrm{e}^{-2s}} - 1$（tansig）
训练函数	trainlm
最大迭代次数	1 000
总体控制误差	0.000 1
学习速率	0.01
动量因子	0.9

5.3.3.2　训练样本和目标样本的选取

现取 1 号分区月牙形凸起表面的测点作为示例分析（图 5-27），测点编号重新记为 1~29（原测点编号为 1-20~48，共 29 个）。下面取测点 4（原 1-23）、12（原 1-31）、21（原

1-40)、28（原1-47）作为目标样本（记为"○"），即用于预测的点；其余25个测点作为训练样本（记为"●"），即接受训练的点。各测点位置如图5-28所示。

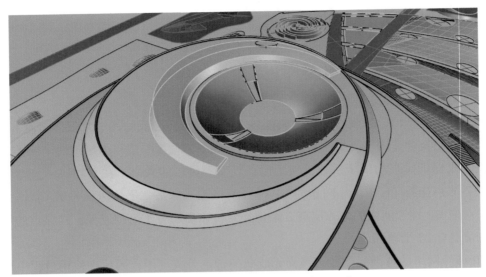

图5-27　1号分区月牙形凸起表面示意

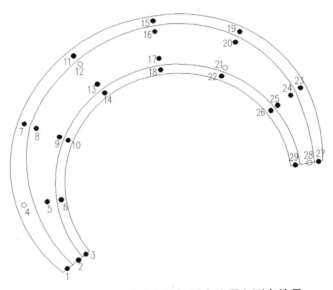

图5-28　训练样本和目标样本位置和测点编号

5.3.3.3　网络有效性验证

在进行对目标样本的预测前，先进行BP神经网络的有效性验证。取0°风向角下训练样本的平均风压系数作为输出参数，测点坐标作为输入参数，对其进行训练后，结果见表5-7。

表 5-7　BP 神经网络的有效性验证结果

序号	测点编号	训练值	试验值	误差 /%
1	1	−0.379 996 951	−0.380 064 975	−0.017 897 962
2	2	−0.399 998 211	−0.400 294 645	−0.074 053 935
3	3	−0.490 029 233	−0.494 666 34	−0.937 421 272
4	5	−0.379 887 716	−0.378 619 673	0.334 911 908
5	6	−0.459 999 052	−0.461 940 542	−0.420 290 009
6	7	−0.479 998 27	−0.475 270 495	0.994 754 476
7	8	−0.410 080 089	−0.409 360 675	0.175 740 905
8	9	−0.360 032 332	−0.358 466 897	0.436 702 874
9	10	−0.309 993 071	−0.307 842 115	0.698 720 56
10	11	−0.460 014 632	−0.458 886 717	0.245 793 919
11	13	−0.370 018 032	−0.371 460 917	−0.388 435 007
12	14	−0.319 952 371	−0.324 493 825	−1.399 550 252
13	15	−0.450 062 442	−0.447 860 738	0.491 604 637
14	16	−0.479 994 476	−0.478 555 61	0.300 668 44
15	17	−0.400 019 697	−0.401 214 562	−0.297 811 98
16	18	−0.360 005 841	−0.361 928 423	−0.531 205 122
17	19	−0.450 120 038	−0.450 094 66	0.005 638 435
18	20	−0.690 014 434	−0.693 430 808	−0.492 677
19	22	−0.449 906 723	−0.448 337 288	0.350 056 612
20	23	−0.260 154 436	−0.264 521 27	−1.650 844 103
21	24	−0.740 082 8	−0.744 202 74	−0.553 604 492
22	25	−0.470 075 303	−0.473 242 362	−0.669 225 512
23	26	−0.449 870 924	−0.450 489 745	−0.137 366 351
24	27	−0.429 937 945	−0.433 548 058	−0.832 690 361
25	29	−0.509 921 632	−0.513 891 993	−0.772 606 277

表 5-7 中最大误差仅为 1.65%，由此可见，BP 神经网络训练结果与试验值差异很小，能保证预测的有效性。

5.3.3.4 对目标样本的仿真预测结果

在 BP 神经网络有效性得以保证的前提下，进一步对目标样本点进行平均风压系数的预测。此时，4、12、21、28 号测点构成测试集，其余 25 个测点在每个风向角下的 25 组数据作为训练集。最终的训练结果为 4、12、21、28 号点的平均风压系数随风向角变化的预测值，将其与试验值进行对比，对比结果如表 5-8 和图 5-29 ～图 5-32 所示。

表 5-8 4、12、21、28 号测点风压系数 BP 神经网络预测值和试验值的比较

序号	测点编号	训练值	试验值	误差 /%
1	1	−0.379 996 951	−0.380 064 975	−0.017 897 962
2	2	−0.399 998 211	−0.400 294 645	−0.074 053 935
3	3	−0.490 029 233	−0.494 666 34	−0.937 421 272
4	5	−0.379 887 716	−0.378 619 673	0.334 911 908
5	6	−0.459 999 052	−0.461 940 542	−0.420 290 009
6	7	−0.479 998 27	−0.475 270 495	0.994 754 476
7	8	−0.410 080 089	−0.409 360 675	0.175 740 905
8	9	−0.360 032 332	−0.358 466 897	0.436 702 874
9	10	−0.309 993 071	−0.307 842 115	0.698 720 56
10	11	−0.460 014 632	−0.458 886 717	0.245 793 919
11	13	−0.370 018 032	−0.371 460 917	−0.388 435 007
12	14	−0.319 952 371	−0.324 493 825	−1.399 550 252
13	15	−0.450 062 442	−0.447 860 738	0.491 604 637
14	16	−0.479 994 476	−0.478 555 61	0.300 668 44
15	17	−0.400 019 697	−0.401 214 562	−0.297 811 98
16	18	−0.360 005 841	−0.361 928 423	−0.531 205 122
17	19	−0.450 120 038	−0.450 094 66	0.005 638 435
18	20	−0.690 014 434	−0.693 430 808	−0.492 677 000
19	22	−0.449 906 723	−0.448 337 288	0.350 056 612
20	23	−0.260 154 436	−0.264 521 27	−1.650 844 103

（续表）

序号	测点编号	训练值	试验值	误差 /%
21	24	−0.740 082 8	−0.744 202 74	−0.553 604 492
22	25	−0.470 075 303	−0.473 242 362	−0.669 225 512
23	26	−0.449 870 924	−0.450 489 745	−0.137 366 351
24	27	−0.429 937 945	−0.433 548 058	−0.832 690 361
25	29	−0.509 921 632	−0.513 891 993	−0.772 606 277

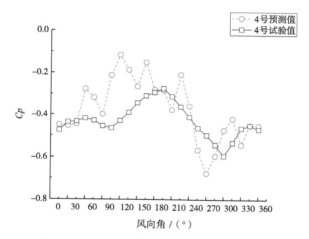

图 5-29　4 号测点的预测值和试验值的比较

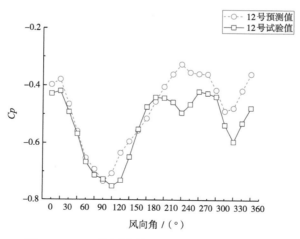

图 5-30　12 号测点的预测值和试验值的比较

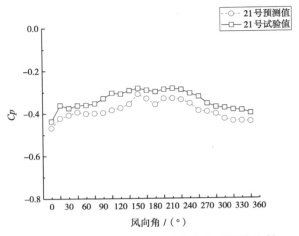

图 5-31   21 号测点的预测值和试验值的比较

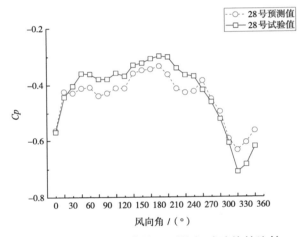

图 5-32   28 号测点的预测值与试验值的比较

由以上图可见，BP 神经网络在有效性得到较好保证的情况下，预测结果与实际值尚有一定误差。其中对于迎流面靠后的点（12、21、28 号），预测值与试验值的变化规律接近，最大误差接近 20%，具有一定的研究参考价值。但对于迎流面前部的测点（4 号），BP 神经网络未能做出有效预测，其原因为空气在迎流面角点处产生了较为复杂的旋涡脱落，导致屋盖角部附近的风压变化极为剧烈，在训练样本数有限的情况下，未能做出有效预测。但对于内点和迎风面靠后的点，可以认为 BP 神经网络的预测仍是有效的。

5.3.4   未知风向角下的平均风压系数预测

上海天文馆通过刚性模型的风洞测压试验得到了 24 个风向角下的结构表面风压分布信息，但与测点相似，24 个风向角下的风压系数仍是离散的量，如何由这些有限的风向角进而推广到任意角度的表面风压分布情况，对预测最不利风向角有重要意义。

仍采用 BP 神经网络方法，以风向角 α 作为输入参数，选取图 5-28 中 4～6 号点（原 1-23～1-25 测点）在 0～360° 风向角下，每隔 30° 取一个风向角，共 12 个风向角下的风压系数 {Cp1，Cp2，Cp3} 作为输出参数。此时 0°、30°、…、330° 这 12 个风向角构成训练集，其余 15°、45°、…、345° 这 12 个风向角构成预测集。表 5-9 和图 5-33～图 5-35 给出了预测风向角下的 4～6 号点风压系数和试验值的对比情况。

表 5-9　目标风向角下 4、5、6 号测点平均风压系数 BP 神经网络预测值和试验值的比较

角度 /（0°）	4 号测点		5 号测点		6 号测点	
	预测值	试验值	预测值	试验值	预测值	试验值
15	−0.504 5	−0.44	−0.331 0	−0.27	−0.408 9	−0.32
45	−0.432 6	−0.42	−0.233 4	−0.25	−0.238 9	−0.26
75	−0.497 6	−0.46	−0.343 9	−0.31	−0.324 6	−0.34
105	−0.399 1	−0.43	−0.461 0	−0.40	−0.439 0	−0.38
135	−0.260 4	−0.34	−0.507 1	−0.46	−0.385 9	−0.40
165	−0.281 8	−0.29	−0.424 8	−0.41	−0.350 3	−0.38
195	−0.269 5	−0.31	−0.431 6	−0.34	−0.315 9	−0.36
225	−0.472 4	−0.41	−0.311 2	−0.31	−0.448 3	−0.34
255	−0.492 6	−0.50	−0.305 4	−0.33	−0.316 3	−0.33
285	−0.514 1	−0.59	−0.358 4	−0.36	−0.354 3	−0.35
315	−0.472 9	−0.46	−0.436 7	−0.37	−0.417 5	−0.40
345	−0.339 0	−0.47	−0.196 5	−0.35	−0.213 4	−0.43

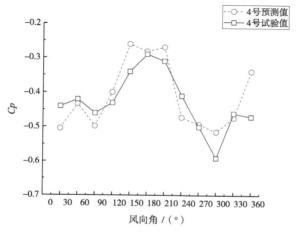

图 5-33　4 号测点在目标风向角下的预测值和试验值

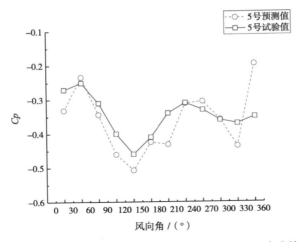

图 5-34　5 号测点在目标风向角下的预测值和试验值

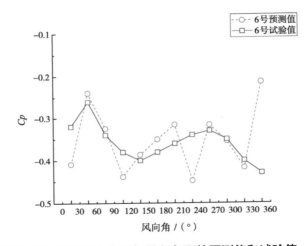

图 5-35　6 号测点在目标风向角下的预测值和试验值

由图 5-33 ~ 图 5-35 可以发现，BP 神经网络方法对未知风向角下的风压分布预测结果较好，仅用了 12 组训练风向角就能较为准确地预测其余 12 个目标风向角下测点的风压信息。其中，对中间风向角的预测较准确，对起始和终止（15° 和 345°）风向角则误差较大，造成的原因一是由于这两个风向角处的计算实质上是极端的外插运算，二也是因为训练样本过少，模拟的精度欠缺。

5.3.5　神经网络预测结果分析

神经网络模型实质是一种函数逼近方法对数据进行处理，它本身具有高度的并行性、信息的隐含分布存储、全局集体作用、高度的容错性和优良的鲁棒性、自学习性等特性，能利用有限的试验数据对屋盖结构的风压分布特性进行完整的描述。

本章通过 BP 神经网络对天文馆局部表面进行了"已知风向角未知测点"和"已知测点未知风向角"两种情况的风压信息模拟，主要得到以下结论：

（1）天文馆建筑外形复杂，对其进行的神经网络预测具有一定的误差，但对最大风压的出现位置和最不利风向角的预测具有一定的指导作用。

（2）天文馆风压分布规律紊乱，如采用神经网络方法模拟，则需保证足够的训练样本数量以满足其自学习的有效性。

（3）一般而言，迎风面角点和端部（起始、终止处）风向角这两种情况的神经网络模拟属于极端外插运算，易产生较大误差；而对一组数据的内部的预测往往吻合度较好。

（4）以上的研究表明，神经网络模拟作为一种新的数值模拟方法在建筑结构抗风领域的应用具有良好的前景，通过对算法和精度的调整，其能将离散的数据覆盖成完整的风压分布信息。

5.4　数值模拟研究

5.4.1　流场数值模拟方法

流场的数值模拟是以 Navier-Stokes 方程（绕流风的连续性方程及动量守恒方程）为基本控制方程，采用离散化的数值模拟方法求解流场。在 Navier-Stokes 方程求解中，采用直接数值模拟（direct numerical simulation，DNS）求解可精确描述绕流流动，但对高雷诺数绕流流动，这种数值模拟的计算量是难以承受的，在工程上常采用湍流模型来计算。湍流模型是模拟均值化的流场，对难以分辨的小尺度涡在均值化过程加以忽略，而被忽略的小尺度涡在湍流模型中体现。

本节采用基于时间平均的雷诺均值 Navier-Stokes 方程（RANS）模型中使用最广泛的 Realize 双方程湍流模型，数值模拟的计算方法及参数见表 5-10，其中扩散项、对流项的离散计算采用二阶离散格式来提高数值求解的精度，同时保证计算过程各变量最终的收敛残差达到 1×10^{-5} 量级，以保证流场求解结果的准确与精度。

表 5-10　计算方法及参数列表

计算方法	有限体积法（FVM）
对流项离散格式	二阶阶迎风差分
扩散项离散格式	二阶中心差分
压力、速度耦合	Simple 算法
湍流模型	Realize k-ε 模型
网格数量	约 800 万

5.4.2 边界条件设置及网格划分

5.4.2.1 边界条件设置

流体入口边界条件：采用了来流 A 类风场的速度入口，风剖面指数取为 0.15，10m 高度处的风速取为 50 年重现期对应的基本风压 0.55kPa，出口边界条件为远场压力出口，建筑及周边均采用无滑移固壁条件，如图 5-36 所示。湍流强度 I_u 的取值如下

$$I_u = \begin{cases} 1.249\,6z & z \leqslant 0.2\text{m} \\ 0.217 - 0.21\ln(z + 0.014) & z > 0.2\text{m} \end{cases}$$

流场计算中在入口处以直接给定的湍动能 k 和湍流耗散率 ε 的形式给定入口湍流参数如下

$$k = \frac{3}{2}(u\,I_u)^2, \quad \varepsilon = C_u^{3/4}\frac{k^{3/2}}{l}$$

式中：$C_u = 0.09$；$l = 0.07L$ 代表湍流积分尺度，L 为建筑物的特征尺寸。

图 5-36　计算区域边界条件设置

5.4.2.2 流场域网格划分

上海天文馆空间几何模型的建立结合建筑的三维模型生成，如图 5-37 所示。网格采用由密至疏的渐变式网格，在计算结构处采用加密网格，向外围逐渐扩散，这样既保证了计算精度，又有效地减少了网格数量，提高计算效率，体育馆表面网格细部如图 5-38 所示。

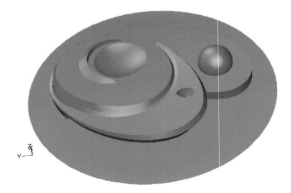

图 5-37　上海天文馆计算模型

图 5-38　上海天文馆表面网格划分

5.4.3　天文馆风荷载参数数值模拟

5.4.3.1　风向角定义及结构分块

　　将风正对着从北往南方向定义为 0° 风向角，按照间隔 30°、顺时针方向间隔 30° 定义其他风向角，共模拟了 12 个工况下的空间流场分布（图 5-39）。

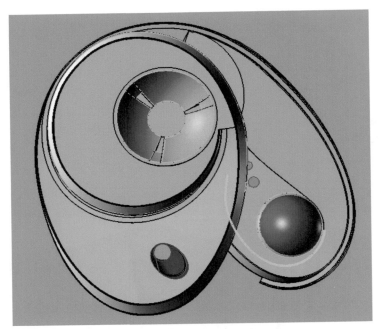

图 5-39 上海天文馆风向角示意

　　为了后续结果处理的方便,对每个区域的空间表面进行了分块处理,如图 5-40 所示。其中重点选取了主体结构的三个特征区域分别进行定义,分别为 A 区域、B 区域、C 区域及 D 区域。A 区域对应主体结构的最上部,B 区域对应大悬臂结构的上部,C 区域对应大悬臂结构的侧边,D 区域对应大悬臂结构的底部。

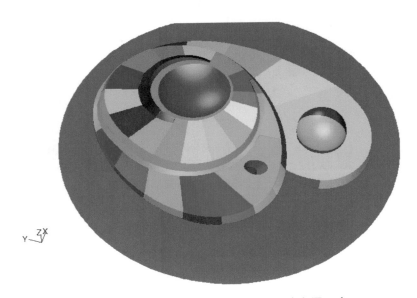

图 5-40 上海天文馆数值模拟分块布置示意

5.4.3.2　各风向角分块体型系数及风压

通过数值求解主体空间结构在不同风向角下的三维绕流场即可得到空间的流场分布，从而可评估各分块结构表面的风荷载参数分布，本项目报告直接模拟得到的风荷载参数为结构的分块体型系数。

分块体型系数 μ_s 定义为风荷载大小与来流风速和参考面积的比值，如下

$$\mu_s = \frac{F}{\frac{1}{2}\rho u^2 A}$$

式中：μ_s 为对应分块的分块体型系数；F 为该分块所受的风荷载；ρ 为空气密度；u 为来流风速；A 为该分块的参考面积。μ_s 方向的定义正值代表该风压垂直作用于结构表面，负值代表风压作用方向为垂直远离结构表面。各个风向角下的结构分块体型系数如图 5-41 ~图 5-48 所示。

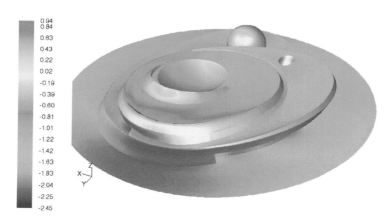

（a）迎风侧

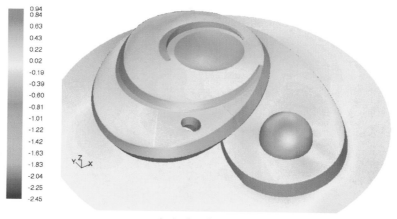

（b）背风侧

图 5-41　0° 风向角下天文馆表面压力系数云图

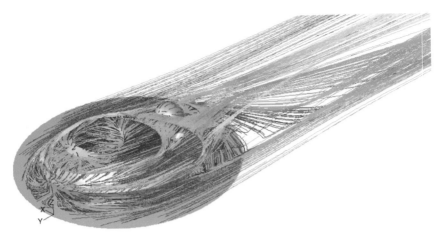

图 5-42 0° 风向角下天文馆整体流场

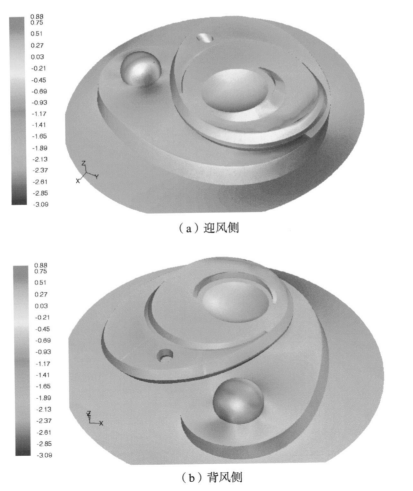

（a）迎风侧

（b）背风侧

图 5-43 30° 风向角下天文馆表面压力系数云图

图 5-44 30° 风向角下天文馆整体流场

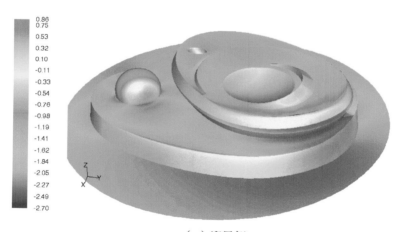

（a）迎风侧

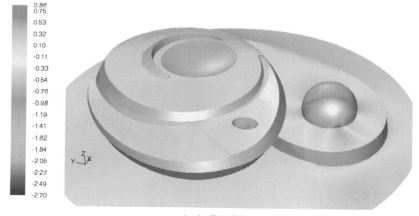

（b）背风侧

图 5-45 60° 风向角下天文馆表面压力系数云图

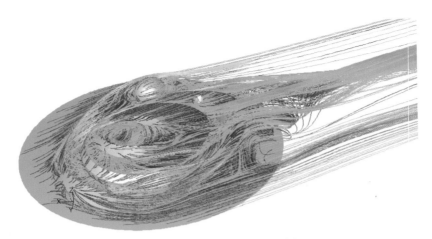

图 5-46　60° 风向角下天文馆整体流场

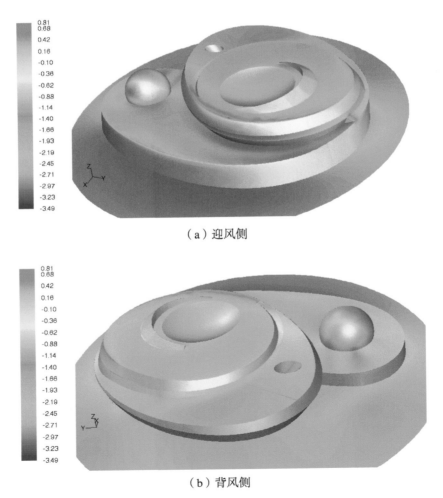

（a）迎风侧

（b）背风侧

图 5-47　90° 风向角下天文馆表面压力系数云图

图 5-48　90° 风向角下天文馆整体流场

5.5　数值模拟与风洞试验结果对比分析

5.5.1　CFD 方法得到的结构表面风荷载分布特点

通过综合分析各个风向角下的天文馆表面的风压分布，可以得到其分布的主要规律：

（1）结构整体表面的风压分布以不大负压为主，其中在迎风面会形成局部的正压区，最大负压区通常位于迎风面的结构表面外形呈现台阶式变化区域。主要原因在于，在该区域气流绕流通过时会产生较为强烈的旋涡脱落，从而产生较大的负压，如图 5-49 所示。

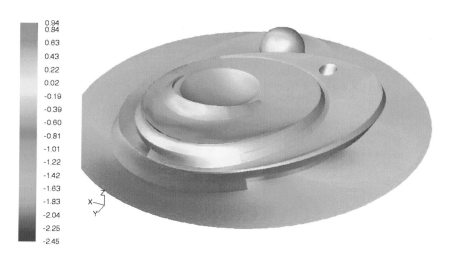

图 5-49　天文馆表面风压分布规律

（2）主体结构顶部的 A 区域的风压分布如图 5-50 所示，可以看出：在所有风向角下该区域风压都呈现出负压的分布，通常情况下的整体负风压都不强烈；在局部风向角下，靠侧边的分块会出现较为强烈的负压分布，主体结构的抗风设计应引起足够的重视。

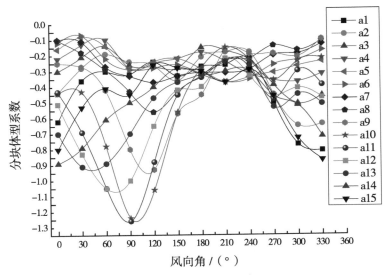

图 5-50　天文馆主体结构顶部 A 区域表面风压分布曲线

（3）主体大悬臂结构顶部的 B 区域的风压分布如图 5-51 所示，可以看出：在所有风向角下该区域风压都呈现出负压的分布，该区域风压较 A 区域风压数值上更大；在局部风向角下，靠侧边的分块会出现较为强烈的负压分布，主体结构的抗风设计应引起足够的重视。

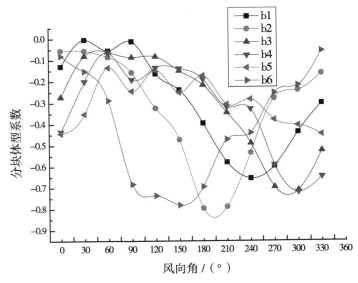

图 5-51　天文馆主体大悬臂结构顶部的 B 区域表面风压分布曲线

（4）主体大悬臂结构侧边的 C 区域的风压分布如图 5-52 所示，可以看出：该区域结构表面在迎风状态时，结构表现为较为强烈的正压作用，而背风面时表现为不明显的负压作用，负压较为强烈的风向角区域处于侧风状态时，主体结构的抗风设计应关注该风荷载分布特点。

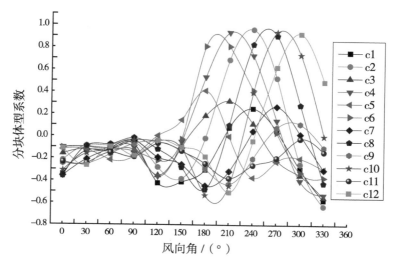

图 5-52　主体大悬臂结构侧边 C 区域表面风压分布曲线

（5）主体大悬臂结构下部的 D 区域的风压分布如图 5-53 所示，可以看出：该区域结构风荷载不利状态表现为在迎风状态时，结构出现为较为强烈的正压作用，主要是下部区域在其后侧形成了封闭的状态而产生较为强烈的正压分布，从而会与顶部区域的负压作用形成叠加，而对结构形成整体的向上抬的效果，应引起主体结构设计的重视。

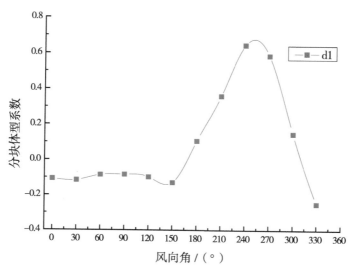

图 5-53　主体大悬臂结构下部 D 区域表面风压分布曲线

5.5.2 数值模拟与试验结果对比分析

选取主体结构顶部 A、B、C、D 区域的特征位置风压分布对比如图 5-54 ~ 图 5-57 所示。从数值模拟与风洞试验结果的对比可以看出：

（1）数值模拟与风洞试验结果的整体规律性是趋于一致的，且不同风向角下的极值相差不大，说明数值风洞模拟结果可以应用于复杂空间结构的抗风荷载设计工作当中。尤其是在项目方案确定阶段，可以借助数值风洞模拟工作来进一步优化空间结构的外形布置。

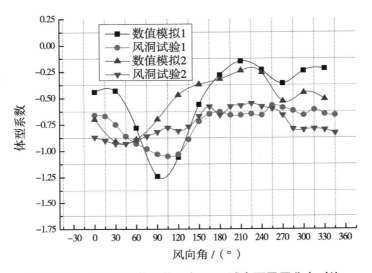

图 5-54 天文馆主体结构顶部 A 区域表面风压分布对比

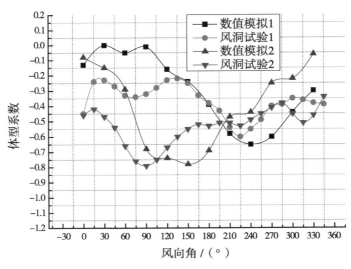

图 5-55 天文馆主体大悬臂结构顶部 B 区域表面风压分布对比

（2）本项目数值风洞模拟结果与风洞试验结果存在一定的差异性，其差异来源可能有：①数值模拟误差，尤其是针对空间复杂结构，网格划分的质量很难达到非常好的效果，数值风洞模拟的精度还有待于进一步提高；②数值模拟结果选取的是分块结果，而风洞试验选取的是测点的结果，两者本身有一定的差异。

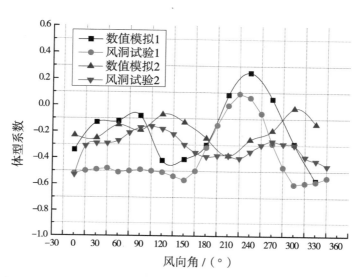

图 5-56　天文馆主体大悬臂结构侧边 C 区域表面风压分布对比

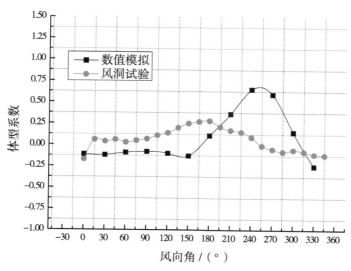

图 5-57　天文馆主体大悬臂结构下部 D 区域表面风压分布对比

5.6 本章小结

本章通过风洞试验、数值风洞模拟和人工神经网络预测模型研究了上海天文馆这一复杂空间结构的风荷载分布和风致振动特性，为类似体型的大跨度屋盖结构抗风设计提供了参考。本章主要取得以下成果：

（1）天文馆表面总体以负风压为主，在外形突变处，如结构表面角点处和正对来流的迎风边缘处尤为明显，而在表面平缓处分布较为均匀。球幕影院部分的负风压明显高于其他位置，在进行抗风设计时应格外重视，其中最大负风压出现在球顶附近，对应的体型系数达到了 –1.52，超过了一般球形屋顶 –1.0 的规范值。

（2）天文馆表面平均风压和脉动风压的分布规律具有相似性，平均风压系数的最大值往往就是迎风面边缘气流分离产生极大负风压。

（3）对上海天文馆悬挑部分的研究表明，当风从 180° 左右吹来时，会在悬挑部分下表面产生极大值正压，在上表面边缘区域产生极小值负压，因此可认为 150°～210° 风向角范围为悬挑部分最不利工况状态。

（4）通过 BP 神经网络模拟方法可以将风洞试验得到的有限的离散的风压信息泛化到整个结构表面。本章以天文馆 1 号分区的月牙形凸起表面为例，对其上测点进行了"已知风向角未知测点"和"已知测点未知风向角"两种情况的风压信息模拟，结果表明神经网络模拟对复杂体型建筑表面的模拟存在一定误差，但是预测的总体趋势与实际相近，可以用来在测点和风向角有限的情况下预测最不利负风压出现的位置和对应的最不利风向角。

（5）数值风洞模拟结果显示：结构整体表面的风压分布以不大负压为主，其中在迎风面会形成局部的正压区，最大负压区通常位于迎风面的结构表面外形呈现台阶式变化区域。主要原因在于，在该区域气流绕流通过时会产生较为强烈的旋涡脱落，从而产生较大的负压。

（6）数值模拟与风洞试验结果的整体规律性是趋于一致的，且不同风向角下的极值相差不大，说明数值风洞模拟结果可以应用于复杂空间结构的抗风荷载设计工作当中。尤其是在项目方案确定阶段，可以借助数值风洞模拟工作来进一步优化空间结构的外形布置。

参考文献

［1］董石麟. 空间结构的发展历史、创新、形式分类与实践应用［J］. 空间结构，2009，15（3）：22-43.

［2］薛素铎，王雪生，曹资. 空间结构多维多点随机地震响应分析的高效算法［J］. 世界地震工程，2004，20（3）：43-49.

［3］Xue S D, Cao Z, Wang X S. Random vibration study of structures under multi-component seismic excitations［J］. Advances in Structural Engineering，2002，5（3）：185-192.

［4］曹资，王雪生，薛素铎. 双层柱面网壳结构多维多点非平稳随机地震反应研究［C］//第十届空间结构学术会议论文集. 北京：2002.

［5］刘先明，叶继红，李爱群. 多点输入反应谱法的理论研究［J］. 土木工程学报，2005，38（3）：17-22.

［6］孙建梅，叶继红，程文瀼. 多点输入反应谱方法的简化［J］. 东南大学学报：自然科学版，2003，33（5）：647-651.

［7］王俊，宋涛，赵基达，等. 中国空间结构的创新与实践［J］. 建筑科学，2018，34（9）：1-11.

［8］丁阳，葛金刚，李忠献. 考虑材料累积损伤及杆件失稳效应的网壳结构极限承载力分析［J］. 工程力学，2012，29（5）：13-19.

［9］严慧，董石麟. 板式橡胶支座节点的设计与应用研究［J］. 空间结构，1995，1（2）：33-40.

［10］艾合买提，徐国彬. 抗震消能支座的研制［J］. 新疆工学院学报，1999，20（3）：210-213.

［11］周晓峰，陈福江，董石麟. 黏弹性阻尼材料支座在网壳结构减震控制中的性能研究［J］. 空间结构，2000，6（4）：21-27.

［12］崔玲，徐国彬. 万向承载、万向转动、抗震、减振球形钢支座的研制［C］//第九届空间结构学术会议论文集. 萧山：2000：824-829.

［13］庄鹏. 空间网壳结构支座隔震的理论和试验研究［D］. 北京：北京工业大学，2006.

［14］Zhuang P, Xue S D. Seismic isolation of lattice shells using friction pendulum bearings［C］// Proceedings of IASS /APCS. Beijing：2006.

［15］项海帆. 现代桥梁抗风理论与实践［M］. 北京：人民交通出版社，2005.

［16］何学军. 索结构风振非线性动力学行为研究［D］. 天津：天津大学，2007.

［17］范峰，曹正罡，马会环，等. 网壳结构弹塑性稳定性［M］. 北京：科学出版社，2015.

［18］张其林，Peil U. 任意激励下弹性结构的动力稳定分析［J］. 土木工程学报，1998，31（1）：26-32.

［19］王策，沈世钊. 单层球面网壳结构动力稳定分析［J］. 土木工程学报，2000，33（6）：17-24.

［20］王策，沈世钊. 球面网壳阶跃荷载作用动力稳定性［J］. 建筑结构学报，2001，22（1）：62-68.

［21］蓝天. 中国空间结构六十年［J］. 建筑结构，2009，39（9）：25-27+62.

［22］Geiger D, Stefaniuk A, Chen D. The design and construction of two cable domes for the Korean Olympics［C］. Proceedings. of the IASS Symposium on Shells, Membranes and Space Frames.

1986：265-272.

［23］ Xi Z, Xi Y, Qin W H. Form-finding of cable domes by simplified force density method［J］. Structures & Buildings, 2011, 164（3）: 181-195.

［24］汤荣伟，赵宪忠，沈祖炎. Geiger 型索穹顶结构参数分析［J］. 建筑科学，2013, 29（1）: 11-14.

［25］袁行飞，董石麟. 索穹顶结构整体可行预应力概念及其应用［J］. 土木工程学报，2001, 34（2）: 33-37.

［26］袁行飞，董石麟. 多自应力模态索穹顶结构的几何构造分析［J］. 计算力学学报，2001, 18（4）: 483-487.

［27］Chen Y, Feng J. Generalized eigenvalue analysis of symmetric prestressed structures using group theory［J］. Journal of Computing in Civil Engineering, 2012, 26（4）: 488-497.

［28］Chen Y, Feng J, Wu Y. Prestress stability of pin-jointed assemblies using ant colony systems［J］. Mechanics Research Communications, 2012, 41: 30-36.

［29］陈耀，冯健，马瑞君. 对称型动不定杆系结构的可动性判定准则［J］. 建筑结构学报，2015, 36（6）: 101-107.

［30］张其林. 铝合金结构的研究和应用［J］. 建筑钢结构进展，2008, 10（1）: I1.

［31］沈祖炎，郭小农，李元齐. 铝合金结构研究现状简述［J］. 建筑结构学报，2007, 28（6）: 100-109.

［32］Kissell R J, Ferry R L. Aluminum structures: a guide to their specifications and design［M］. New York: John Wiley & Sons, 2002.

［33］保罗 C 吉尔汉姆. 塔科马穹顶体育馆——成功的木构多功能赛场的建设过程［J］. 世界建筑，2002（9）: 80-81.

［34］王世界. 劲性支撑穹顶结构节点设计研究［D］. 北京：北京工业大学，2013.

［35］严慧. 我国大跨空间钢结构应用发展的主要特点［J］. 钢结构与建筑业，2002, 2（4）: 25-28.

［36］吴杏弟. 体育馆张弦梁无盖钢结构施工关键技术［J］. 建筑施工，2016（3）: 289-291.

［37］孙文波. 佛山体育中心新体育场屋盖索膜结构的整体张拉施工全过程模拟［J］. 空间结构，2005（2）: 50-52.

［38］陆金钰，武啸龙，赵曦蕾，等. 基于环形张拉整体的索杆全张力穹顶结构形态分析［J］. 工程力学，2015（S1）: 66-71.

［39］郭彦林，田广宇，王昆，等. 宝安体育场车辐式屋盖结构整体模型施工张拉试验［J］. 建筑结构学报，2011（3）: 1-10.

［40］RENÉ MOTRO，吕佳，杨彬. 张拉整体——从艺术到结构工程［J］. 建筑结构，2011（12）: 12-19.

［41］孙国鼎. 张拉整体结构的形态分析［D］. 西安：西安电子科技大学，2010.

［42］覃宏良. 张拉整体结构的预应力优化设计［J］. 城市建设理论研究（电子版），2016, 6（8）: 7253-7254.

［43］余玉洁，陈志华，王小盾. 张拉整体结构研究综述：找形、控制、结构设计［J］. 首届全国空间结构博士生学术论坛，杭州，2012：264-278.

［44］马瑞嘉，马人乐. 张拉整体高耸结构的补偿张拉方案设计［J］. 建筑钢结构进展，2016（5）:

49–57.

［45］全张拉预应力结构体系小品——悬浮家具 – 预应力技术中心 – 筑龙结构设计论坛［EB/OL］. http://bbs.zhulong.com/102050_group_100556/detail9085130.

［46］张铮. 铝合金结构压弯构件稳定承载力研究［D］. 上海：同济大学，2006.

［47］钱鹏，叶列平. 铝合金及 FRP– 铝合金组合结构在结构工程中的应用［J］. 建筑科学，2006，22（5）：100–105.

［48］居其伟，朱丽娟. 上海国际体操中心主馆铝结构穹顶设计介绍［J］. 建筑结构学报，1998，19（3）：33–41.

［49］杨联萍，邱枕戈. 铝合金结构在上海地区的应用［J］. 建筑钢结构进展，2008，10（1）：53–57.

［50］石永久，程明，王元清. 铝合金在建筑结构中的应用和研究［J］. 建筑科学，2005，21（6）：7–11.

［51］赖盛，方小芳，刘宗良. 大型储罐顶盖结构形式及铝合金网壳的应用［J］. 石油化工设备技术，2004，25（5）：10–14.

［52］Mazzolani F M. Competing issues for aluminium alloys in structural engineering［J］. Progress in Structural Engineering and Materials，2004，6（4）：185–196.

［53］Mazzolani F M. Structural applications of aluminium in civil engineering［J］. Structural Engineering International，2006，16（4）：280–285.

［54］海诺·恩格尔. 结构体系与建筑造型［M］. 林昌明，罗时玮，译. 天津：天津大学出版社，2002.

［55］GJG 7—2010 空间网格结构技术规程［S］. 北京：中国建筑工业出版社，2010.

［56］董石麟. 中国空间结构的发展与展望［J］. 建筑结构学报，2010，31（6）：38–51.

［57］钱若军，杨联萍，胥传熹. 空间格构结构设计［M］. 南京：东南大学出版社，2007.

［58］Hanaor A. Design and behaviour of reticulated spatial structural systems［J］. International Journal of Space Structures，2011，26（3）：193–203.

［59］余贞江. 节点刚度对单层球面网壳结构整体稳定性的影响［D］. 济南：山东大学，2009.

［60］沈世钊. 大跨空间结构的发展——回顾与展望［J］. 土木工程学报，1998，31（3）：5–14.

［61］Brimelow E I. Aluminium in building［M］. London：MacDonald，1957.

［62］董石麟，姚谏. 网壳结构的未来与展望［J］. 空间结构，1994，1（1）：3–10.

［63］钱基宏，赵鹏飞，郝成新，等. 大跨度铝合金穹顶网壳结构的研究［J］. 建筑科学，2000，16（5）：7–12.

［64］赵金城，许洪明. 上海科技馆单层网壳结构节点受力分析［J］. 工业建筑，2001，31（10）：7–9.

［65］邹磊. 重庆空港体育馆铝合金穹顶结构分析［D］. 重庆：重庆大学，2009.

［66］王立维，杨文，冯远，等. 中国现代五项赛事中心游泳击剑馆屋盖铝合金单层网壳结构设计［J］. 建筑结构，2010，40（9）：73–76.

［67］罗翠，王元清，石永久，等. 网壳结构中铸铝节点承载性能的非线性分析［J］. 建筑科学，2010，26（5）：57–61.

［68］罗翠. 空间网壳结构铸铝和铸钢螺栓连接节点受力性能研究［D］. 北京：清华大学，2010.

［69］施刚，罗翠，王元清，等. 铝合金网壳结构中新型铸铝节点承载力设计方法研究［J］. 空间

结构，2012，18（1）：78-84.

［70］施刚，罗翠，王元清，等. 铝合金网壳结构中新型铸铝节点受力性能试验研究［J］. 建筑结构学报，2012，33（3）：70-79.